La Grande Théorie Unifiée sur la Cause de l'Extinction des Dinosaures

*The Big One Theory
about the Cause of Dinosaurs Extinction*

Table des matières

La plus probable théorie explicative
sur la disparition des Dinosaures

La Multiple Unique Théorie

L'Effet « Domino »
de l'Impact de la Météorite
dans la Mer des Caraïbes
et
l'Explication
de l'Extinction des Dinosaures
par une Hausse de la Gravité

The Multi- One Theory :
Domino Effect of Meteorite's Impact
in Caribbean Sea (DEMICS)
and
the Explanation of the Dinosaurs
Extinction by an Increase of Earth
Gravity (EDEIEG)

Par **Laurent A.C. GRANIER**
Auteur, Inventeur, Maître philosophe, Théoricien

www.thedinosaursextinction.com

Préambule

L'apparition de la vie reste toujours un mystère. Et si, souvent, la disparition est plus facile à exprimer, celle des Dinosaures demeure encore une énigme. Bien sûr, cela s'est passé il y a très longtemps pour nous humains, 65 millions d'années plus tôt, et notre espèce n'existait pas encore.

Cette période de transition a été définie par un événement environnemental exceptionnel et qui est appelée « Crise K-T », considérée comme le passage de l'ère du Mésozoïque (Secondaire, dont le Crétacé est sa troisième et dernière phase) à celle du Cénozoïque (Tertiaire).

Nous pourrions croire que le facteur temporel lointain est la majeure difficulté de son étude. Ce n'est pas le cas.

En effet, les « témoignages » par les indices sont, peut-être, même trop nombreux. Ils laissent la porte ouverte à une foultitude de théories. Chacun de sa spécialité cherche et explique cette extinction par le domaine dans lequel il exerce. Géologues par la géologie, vulcanologues par la vulcanologie, biologistes par la biologie, etc.

Comme si cette mort pouvait rapporter un quelconque prestige au domaine « fautif » (terre, volcan, mer, etc.).

Chaque « scientifique » veut s'approprier le « privilège » par la cause de cette disparition d'un fait de sa spécialité.

Si les criminels cherchent plutôt à clamer leur innocence, les « scientifiques » veulent « être complice de l'accusé » en revendiquant leur appartenance au « milieu du crime ».

Etrange, non ?

Au lieu de créer une réelle harmonie pour la quête universelle du savoir, chacun défend son point de vue, en occultant ce qui le dérange, et surtout en s'évertuant à discriminer les autres explications qui appuieraient l'origine à un autre domaine au sien.

Cela n'est absolument pas une question de débat, ni de critique constructive comme pourraient le rétorquer certains. Ces querelles de clochers ne sont motivées que par l'orgueil personnel de ces scientifiques d'opérettes.

A ce stade, ce ne sont plus des théories mais des croyances tant elles aveuglent leurs disciples.

Le fait est, qu'avec cette multitude d'informations, chacun utilise celles qui lui conviennent, et use des autres pour « démonter » les autres hypothèses, considérant son domaine et dédaignant les autres.

Pourtant, l'objectivité est de mise pour une parfaite analyse.

Aussi, seul un vrai penseur pourrait trouver la solution, sans avoir à vendre, ou soudoyer son âme pour telle ou telle « paroisse ».

Nous nous retrouvons dans une position à l'identique d'une gare finale avec plusieurs voies d'arrivées. Cette « gare » est le fait : la disparition. Donc, il ne peut y avoir qu'une seule voie finale.

Mais avant l'arrivée, une « station de triage » peut être présente.

Et, dans cette vision, plusieurs explications ne se contredisent plus mais s'appuient les unes aux autres pour exprimer une cascade successive de causes à effets.

La neutralité passe par la nécessité d'être pluridisciplinaire.

Mais avant d'en arriver là, récapitulons un peu.

Savoir poser les bonnes questions.

Face à un problème, avant de trouver sa solution, il est nécessaire de poser les bonnes questions. Et pour ce faire, une bonne analyse est la base.

La méthodologie de pensée doit être pure, dénuée de tout objectif et de direction à atteindre.

Restons courtois et ouvert, seule l'honnêteté de pensée est de mise.

Soyons surtout critique envers soi-même pour être rigoureux d'ouverture.

Abstenons-nous de raisonner comme un scientifique, c'est-à-dire d'une manière fermée, obtuse et partisane.

A la manière d'un polar, il faut chercher les indices, qui donneront alors naissance à plusieurs théories, puis les preuves qui détermineront la culpabilité d'un des intervenants.

Gardons en tête toutes les études, les découvertes, les théories qui tiennent. A ce stade, nous nous apercevrons que certaines théories sont « vraies » de par leurs probantes explications scientifiques qui expriment un réalisme de « faisabilité d'existence ».

En fait, la quête est de savoir de toutes ces histoires possibles, laquelle s'est réellement passée.

Ce n'est plus une question de vérité, mais de connaissance.

Il sera alors le temps d'extraire du possible, le probable, pour enfin atteindre la réalité.

Donc, les faits.

La disparition d'une grande partie des espèces du monde animal est synchrone à la disparition d'une grande partie des espèces du monde végétal. Cette extinction est « subite », c'est un fait « acquis ».

Les bonnes questions seraient :
- qu'y a-t-il de commun entre ces existences végétales et animales ?
- qu'est ce qui lie toutes ces existences végétales et animales les unes aux autres ?

Et ainsi donc, celles qui en découlent, et celles qui les provoquent…

Les paramètres et contraintes du gigantisme

Dans un monde complexe et pluraliste, un fait est rarement sans suite.

La série, de causes entraînant des conséquences qui deviennent par là même des causes à leur tour, est à considérer.

Tout n'est que coïncidences, en fait, par la résultante d'une succession de faits, à la fois, provoqués et provoquant.

Pourquoi essayer d'expliquer cette disparition des Dinosaures par un fait, et non pas par son opposé ?

Par un ou plusieurs faits qui sont des connaissances « acquises », nous pouvons inverser le processus d'enquête.

Il est certain que ce qui caractérisait une bonne partie des espèces de cette époque était le gigantisme.

Il est aussi important de considérer que cette particularité ne s'est plus reproduite après cette date. Il est donc évident de comprendre que des paramètres fondamentaux et rédhibitoires ont changé : Soit en « manque », soit en « création » (dans le sens « gênant »).

Il y a donc eu réduction et/ ou augmentation d'une ou plusieurs valeurs environnementales essentielles.

Pour répondre aux premières questions, établissons la liste des paramètres dont l'implication est primordiale pour toute vie :
- Besoin en nourriture,
- Besoin en eau,
- Besoin en air (oxygène),
- Contraintes corporelles des masses des organismes (Osseuses et musculaires).

Les contraintes physiques sont d'une croissance non pas proportionnelle avec la taille, mais plutôt exponentielle.
Une ossature augmentée demande davantage de musculature.
Et une masse musculaire augmentée demande beaucoup plus d'oxygène et beaucoup plus de nourriture.

Si pour les premières nécessités (nourriture - eau - air), les valeurs sont relatives à l'environnement proche par la « concordance » des tailles (végétaux- herbivores- carnivores), il en est bien différemment pour la masse elle-même.

Mais tout d'abord, reprenons du début.

Comment une multitude d'espèces a pu atteindre un gigantisme jamais égalé ?
Il est certain que les Dinosaures ne sont pas apparus en un instant. Leur taille a grandi au cours

des millions d'années de leur existence au cours de l'ère secondaire (Mésozoïque, de -250 millions à -65 millions d'années).

Quel facteur, au singulier ou au pluriel, peut permettre cela ?

Il faut certes un environnement propice offrant les premières nécessités (nourriture - eau- air) en quantité suffisante. A ces titres, c'est certain. Et l'évolution simultanée commune a créé et permis l'expansion générale. L'effet cascade fonctionne dans les deux sens : la croissance et la déchéance.

Mais il est un autre facteur primordial.
Celui qui a agit par un phénomène pénalisant à la fin du crétacé et qui a interdit toute pérennité dans cette caractéristique.
Un fait acquis scientifiquement : aucun animal de plus de 25 kg n'a survécu.

Quelle est cette modification pour une même masse, quel que soit l'espèce, animale et végétale, qui causerait un préjudice incapacitant ?

Quel est ce facteur rendant un handicap au regard du volume et donc de la masse ?

La différence de poids !

Et ce dernier varie pour une même masse, une même structure selon la valeur de la gravité « G », car l'équation est simple: Poids = masse **x** G.

L'interrogation primordiale pour rechercher des indices sur cette variation de poids est de savoir où les chercher. Nous entrons dans le vif du sujet, posons une réelle bonne question pour savoir où effectuer ces investigations :

Quelles sont les influences de « G » sur un environnement ?

Des différentes valeurs de « G » offrent d'autant de mondes différents (environnements et vivants) pour un même lieu.

Portons donc l'attention sur les influences de « G ».

Il est certain que si nous considérons cette variation comme la cause directe de l'extinction des espèces géantes, elle ne peut être exprimée que par une hausse.

Il reviendrait donc à exprimer que la valeur de « G » de l'époque des Dinosaures était plus faible qu'aujourd'hui, donc inférieure à 9,8.

Mais nous y reviendrons après, car nous avons d'abord besoin d'élucider la question phare : Comment « G » peut-elle varier ?

L'effet « Domino »

La théorie de l'existence du météorite ayant percuté la Terre dans la région du Yucatan (Golfe du Mexique) n'en est plus une. Plusieurs études et découvertes attestent de cet impact à cette date fatidique, il y a 65 millions d'années. Cet « acquis » scientifique a permis l'élaboration d'une nouvelle théorie sur la disparition des « super animaux ».

Le problème est que les études géologiques ne suffisent pas, et que d'autres facteurs ont nécessairement varié à cette période.
Toujours est-il que, à la manière d'un thriller, nous avons pour une victime, plusieurs suspects. Et peut-être même, plusieurs coupables, par simple complicité, ou répartition des tâches.

Si de différentes variations dans différents domaines sont présentes, l'extinction de plusieurs espèces n'est pas due directement à un seul coupable, du moins directement.
Dans le phénomène des causes et conséquences évoqué plus haut, nous pouvons aisément comprendre qu'une espèce ait été décimée par une cause tandis qu'une autre espèce ait été éliminée par un autre facteur, conséquence de la première: l'effet « Domino ».

Cela expliquerait le foisonnement de preuves dans différents domaines pouvant étayer telle ou telle théorie.

La faute principale dans la recherche du coupable est d'éliminer les autres théories quand on en suit une, même si elle s'avère probable. Il faut les associer, les ajouter les unes aux autres, et surtout ne pas en perdre une de vue.

En fait, ce n'est pas une petite théorie mais bien un ensemble de « probables » hypothèses qui sont à bien considérer et à associer pour constituer une entité, la probable vérité.

Le sûr, l'incertain et le probable

Qu'avons-nous de concret pour cette période précise du « K-T » ?

1. La disparition d'espèces végétales et animales partageant la même particularité de gigantisme.
2. Une absence d'évolution en terme d'adaptation.
3. L'impact d'un météorite.
4. Des conditions climatiques d'un probable « Hiver Nucléaire ».
5. Une couche géologique spécifique.
6. Une baisse du niveau des mers.
7. Une modification notable de la flore.
8. Une brièveté de temps de causes et de conséquences.

Discutons de ces données.

1. **La disparition d'espèces végétales et animales partageant la même particularité de gigantisme.**

Toutes les espèces animales et végétales d'une taille si importante qu'elle ne fut plus jamais atteinte, se sont éteintes à cette période charnière du K-T.

Ce fut une extinction catégorique. Pourtant, avant cette date, le nombre d'espèces de Dinosaures ne cessait de croître.

Une des recherches doit être axée pour déterminer si l'une a agit sur l'autre, comme par exemple, si la disparition végétale a été antérieure à celle animale, provoquant une cassure dans la chaîne alimentaire. Cette théorie est vraie par son évidence basique : S'il n'y a plus de nourriture, une vie, animale ou végétale, ne peut survivre. Quelle que soit sa taille.

Mais, l'absence de nourriture a-t-elle réellement existé, en devenant une cause, ou simplement n'ont-elles pas subies, la faune et la flore, les mêmes désagréments extérieurs, en même temps ?

Si tel était le cas, l'extinction des deux genres vont de pair, et de par ce fait, la concomitance liée l'une à l'autre accélère le processus, par un effet « spirale ».

Le problème dans cette réflexion est qu'elle ne peut justifier une éradication totale sur une catégorie spécifique.

D'une part, si ce « cercle vicieux » avait débuté, toutes les espèces de toutes les importances auraient été éliminées.

Et d'autre part, par ailleurs, s'il y avait moins d'animaux, le besoin en nourriture devenait moindre, et par conséquent, la diminution de végétation en rendait moins perturbante la persistance de la vie qui en était tributaire.

Il y aurait eu simplement réduction des effectifs animaliers jusqu'à un niveau en rapport avec la nourriture disponible dont ils auraient eu besoin.

Et même, si la faute originelle était portée sur les plantes (réduction, modification génétique, envahissement, etc.), la question serait repoussée dans le domaine : Quelle serait la cause de ce changement radical de la flore ?

Pour en arriver à une extinction parfaite, cela n'est pas suffisant sans un facteur **catégorique, persistant, et universel.**

Sans ces trois caractéristiques essentielles d'une cause, une extinction ne peut se produire. Et ce, grâce à la particularité du règne vivant pour s'adapter à de nouvelles contraintes : la capacité d'évolution.

Il est à considérer que depuis, seules quelques rares espèces (éléphant, baleine) sont d'une taille importante, c'est-à-dire, hors des normes générales actuelles, mais sans atteindre le gigantisme d'alors.

Non seulement, il y a eu absence d'adaptation, mais il n'y a eu aucune réapparition, ou apparition, d'organismes présentant cette particularité de taille extravagante.

2. Une absence d'évolution en terme d'adaptation.

De l'utilité de connaître les lois régissant l'évolution des organismes vivants, dans leur globalité.

L'évolution se définie sur trois grades hiérarchiques (N.U.A.) :
- la Nécessité
- l'Utilité

- l'Aléatoire (notion de test) qui rejoint l'inutilité directe tel que l'aspect « décoratif »

La règle est la suivante : Le premier ordre a la priorité sur le suivant.

Une fois les facteurs du grade « maîtrisé », la priorité de considération passe à l'autre de moindre importance :

« Tout et chacun » n'est question que de « Priorité » et de « sous- Priorité ».

Le facteur primordial intangible de la vie qui régit la vie est la vie. Ainsi, il se trouve dès le premier stade, la notion de survie à laquelle l'organisme se doit d'avoir les réponses pour pallier à tout prix :

- la Défense
- la Nourriture

Ces paramètres de nécessité à la survie atteints, ils permettent de passer au but extrapolé, sa pérennisation. Donc, pour remédier à l'absence d'immortalité, la « Vie » combat cet inéluctable facteur qui lui nuit par la Reproduction.

Cette dernière est aussi un moyen de « réflexe » basique pour contrer les problèmes primordiaux (défense et nourriture) qui seraient insurmontables. Dans ce cas, un « turn-over » de génération est augmenté afin de pouvoir passer cette période néfaste en attendant une plus propice...

Nous pouvons observer, par ailleurs, une stratégie similaire d'attentisme de « jours meilleurs » quand les conditions sont insurmontables directement, avec l'hibernation de certaines espèces, animales comme végétales.

Ces facteurs primordiaux servant la survie (stade premier des priorités basiques de la vie) seraient définis uniquement par la nourriture et la reproduction s'il n'y avait pas d'interférences entre les différentes espèces, phénomène qui est plus simplement appelé « chaîne alimentaire ».
Mais le monde se partage.
Et donc, la persistance de la vie par l'évolution est une adaptation en créant des moyens, des facilités, des outils, des armes, des ruses, soit pour manger, soit pour ne pas être mangé.

L'«Evolution » est « touche-à-tout », dans des limites certes larges, tant par les modes que par la nature des champs d'application. Bien entendu, elle est cependant freinée, voire stoppée par les impossibilités inhérentes auxquelles elle est contrainte par les lois générales de la physique et de la chimie.

Mais, qu'importe l'impossibilité par un facteur, elle trouvera toujours une autre porte par un autre chemin.

Or, dans ce cas précis de la « disparition » des espèces géantes des Dinosaures, la capacité d'adaptation a été mise en défaut face à de nouvelles « donnes » environnementales. Cette absence d'évolution est soit une totale incapacité (défaillance organique sur un facteur rédhibitoire), soit une impossibilité « matérielle » (manque de temps).

Pour comprendre la (les) raison(s) de la disparition des Dinosaures, il serait utile de comprendre la (les) raison(s) de leur apparition, et par conséquent, nous pourrions expliquer la (les) raison(s) de l'absence de leur réapparition.

Pour cela, il est utile d'assimiler l'évidence qu'un ou plusieurs facteurs environnementaux ont favorisé en leur temps, ou du moins n'ont pas gêné, ce développement du volume et de la taille. Par la même occasion, il est à comprendre que ce ou ces facteurs environnementaux sont suffisamment primordiaux pour perturber ou limiter le développement d'un organisme par une variation de valeurs (notion de « marges de tolérance de l'existence »). Ces dernières sont d'un comportement rédhibitoire tel, que même les « armes » permettant l'adaptation (Evolution) sont dans l'incapacité de les combattre ou de les contourner.

Les « marges de tolérance de l'existence » représentent les différentes valeurs, minimales et maximales, qu'un environnement offre à ses « hôtes ». Ces valeurs sont les limites des possibilités organiques, notamment au titre de la taille, de la masse, des alimentations (eau- nourriture), etc. En général, le minimum est +0, et le maximum l'ensemble des contraintes subies à leur plus haut niveau : de 0 à X.

L' «Evolution » fonctionne dans le sens du maximal : Si le « davantage » est possible, elle le réalise. Elle flirte toujours avec la limite haute de l'espèce par rapport à son milieu.

Il est à noter que cette variation de contraintes touche tous les organismes, les mettant sur un certain pied d'égalité pour vivre, sous un paramètre général. Dans ce cas d'estimation, la taille n'est pas à considérer alors comme une nécessité (comme, par exemple, est le cas de la longueur de cou de la girafe lui permettant d'atteindre le site élevé de sa nourriture), mais plutôt comme une possibilité. En effet, la grandeur n'était pas un nécessaire avantage dans les ordres de priorités de l'« Evolution ». Toutes les espèces étaient « logées à la même enseigne ». Les organismes géants l'étaient parce qu'ils le pouvaient, et non parce qu'il devait l'être pour survivre, aux titres de la défense et/ou de l'alimentation. Même au contraire, une taille importante peut être un handicap pour une proie car elle devient la convoitise d'un prédateur de sa proportion pour la quantité de nourriture « offerte », un insecte n'intéressant pas un lion…, et parce que ses moyens de dissimulation ou d'abri sont manifestement réduits, par un champ de vision et une dimension d'accès équivalents pour les deux espèces...

Dans cette optique, le gigantisme n'était pas une mise prioritaire pour l'« Evolution » dans le but de la survie de chacune des espèces.

Pour lors, la marge de tolérance, que les lois de la nature physique potentielle (taille et masse/ environnement) permettent, bénéficiait d'une « liberté » significative, commune pour tous les organismes, par une valeur maximale plus élevée. Ainsi, le « plafond » était bien d'un niveau supérieur à celui d'après la crise du K-T.

Nous pouvons affirmer que les valeurs maximales de certaines marges ont varié, à la baisse, depuis cette date.

La « fenêtre » des critères de potentialité physique des organismes est réduite depuis lors.

Si ce nouveau facteur était défavorable au développement de la taille et de la masse à ces proportions élevées, il n'était cependant pas gênant à la vie.

L'« Évolution » n'avait pas à pallier à ce changement de paramètre puisqu'il était COMMUN pour tous les organismes vivants.

L'« Évolution » n'avait pas à modifier les physiologies des êtres vivants pour perdurer à atteindre de telles tailles inutiles, mais plutôt à utiliser l'espace différemment en réorganisant toutes les espèces, tant animales que végétales.

Juste un petit mot sur notre exemple de la girafe qui vous permettra de nuancer la primaire préhension des faits : la longueur de son cou n'est peut être pas nécessairement pour lui permettre d'accéder aux branches élevées qui font son alimentation mais plutôt pour atteindre un sol éloigné de son corps par la longueur de ses pattes…

3. L'impact d'un météorite.

Le cratère immergé de Chicxulub, dans le Yucatan (golfe du Mexique), a un diamètre d'environ 200 kilomètres.

Les études diverses ont permis de valider son existence en 1993, et par la même occasion, d'attester le fait de sa naissance par l'impact d'un objet céleste sur Terre, à la période de passage du Crétacé au Tertiaire (crise K-T).

Le météorite devait mesurer près de 10 kms de diamètre, peser plusieurs milliards de tonnes, et être animé d'une vitesse estimée entre 15 km/s (si c'était un astéroïde) à 70 km/s (dans le cas d'une comète). La collision a provoqué une énergie correspondante à 10.000 fois celle de toutes les bombes actuelles (5 milliards de fois Hiroshima).

Un impact provoque, selon son intensité, des dégâts physiques directs proches (secousse sismique, cratère, etc.) et des effets environnementaux en cascade (tsunami, évaporation, fusion, etc.). Il est évident qu'à ce niveau, les conditions climatiques sont perturbées à une grande, voire globale, échelle. Ainsi, la notion d'« hiver nucléaire » a été définie comme la résultante inévitable d'une explosion d'une telle quantité d'énergie à la surface d'une planète du type de la Terre.

Cependant, il se peut aussi que ce météorite, quoi qu'il soit considéré jusqu'à présent comme le plus important, ne fut pas seul, et qu'il fut accompagné d'autres, de tailles moindres, ayant, pour certains, disparu dans l'atmosphère, et pour d'autres, percuté la Terre.

Un impact de cette intensité peut créer, selon sa configuration, des bouleversements plus catégoriques et universels de l'ordre de la physique. En effet, certains effets et conséquences ont été oubliés…

4. Des conditions climatiques d'un probable « Hiver Nucléaire ».

La Terre a subi un bouleversement climatique global, sous le terme générique d'«Hiver Nucléaire » dont les effets sont multiples et complexes.

Le Crétacé a été la période la plus chaude de la bio-histoire de la Terre avec une température moyenne au-dessus de 20°C, contre 15°C environ actuellement. La glace était totalement absente de la surface de la Terre.

Il n'y avait pas de cycle des quatre saisons contrastées comme nous le connaissons de nos jours.

Puis, la température aurait « chuté » à cette date fatidique du « K-T ».

Pour étayer l'appauvrissement de la flore, et par conséquent la perturbation d'une grande partie de la chaîne alimentaire par l'effet en cascade, la théorie de l'hiver

nucléaire est parfaite. Un « nuage » persistant, global, et absolu. Nous retrouvons le fameux trinôme.

Le problème est que la persistance du nuage bloquant la lumière, et donc créant une nuit permanente, n'est que théorique. Non par sur ses effets, ni sur le fait lui-même, mais sur sa pérennité et son universalité d'action.

Tout d'abord, le facteur temporel. Il a été de courte durée, géologiquement parlant. Si l'hiver a été relativement long pour les organismes vivants, il ne gênerait pas plus les espèces géantes que les autres. La végétation n'ayant pas été éradiquée, celle résistante durant cette période pouvait être suffisante à une partie des Dinosaures herbivores pour ne pas entraîner leur extinction par un absolu manque de nourriture.

La chaîne alimentaire a été réduite, voire modifiée, mais en aucun cas détruite dans sa totalité. La disparition de toutes les espèces gigantesques, végétales et animales, ne peut s'expliquer que par ce seul point d'une supposée persistante absence de lumière.

Ensuite, le facteur géographique.

Si l'importance temporelle d'un hiver nucléaire est discutable, celui de sa globalité l'est encore plus. Nous pouvons nous appuyer sur les variations climatiques actuelles. Rien n'est jamais figé, et il est utile de concevoir que des zones aient été plus ou moins « touchées » par ces changements en conjonctures difficiles. Que cela soit au niveau de la durée que des conditions.

En effet, l'uniformité du nuage n'est pas une garantie scientifique définitive. Et les courants aériens sont d'autant plus complexes et amplifiés que l'atmosphère est d'autant plus hétérogène et chargée; occasionnant d'autant plus la formation de microclimats.

Une influence de la sorte peut être reconnue pour avoir provoqué une extinction localisée géographiquement, mais ne peut expliquer une radicalité omniprésente et pluri-espèces touchant une spécificité physique commune, tout en épargnant d'autres, cependant identiques à ces dernières par leur morphologie mais différentes seulement par leur taille.

Après avoir soulevé des doutes sur sa localisation et sa durée de vie, abordons maintenant ses caractéristiques. L'évocation d'un hiver exprime aussi et surtout une baisse importante de la température, pénalisant les organismes vivants, notamment ceux à sang froid. Dans de telles circonstances, la nécessité d'un abri est primordiale, et les animaux de grande taille ont davantage de difficulté à en trouver à disposition.

Si le froid avait été un facteur déterminant pour la mort des Dinosaures, et en l'absence de moyen de protection, une telle cause aurait eu un effet quasi-immédiat (quelques jours, voire semaines).

Or, la globalité du phénomène climatique extraordinairement rude n'est pas avérée, et même plutôt, sa défaillance et ses « exceptions » exprimeraient et expliqueraient une durée « allongée » de la période d'extinction. Cette vision est plus à même d'être en accord avec les observations scientifiques récoltées dans d'autres domaines, estimant la durée de cette « crise » à plusieurs milliers d'années, par rapport à une instantanéité souvent considérée par le vulgum pecus.

Mais alors le paradoxe se matérialise :

Avec ce répit de temps, pourquoi les organismes ne se seraient-ils pas adaptés par le biais de l'évolution, si ce n'est tous, du moins une partie des Dinosaures ?

Nous verrons plus tard que cette information sur la durée de la crise, et donc de l'extinction, n'est peut-être pas bien interprétée.

Pour en revenir à notre facteur « température », avec une couverture nuageuse telle qu'imaginée à la suite d'une explosion d'une telle ampleur, il se pourrait qu'au lieu d'un « hiver », il y ait eu un « été nucléaire ». Non pas pour l'ensoleillement, mais plutôt pour la chaleur présente ; ainsi, par un effet de serre engendré, en lieu et place d'une réduction de température, une élévation ait pu avoir eu lieu. Nous le constatons simplement de nos jours d'hiver, où la température est plus douce lors des journées nuageuses que par celles de beau temps clair. Le rapport s'inverse par temps d'été principalement, puisque la disparition de rayonnement solaire entraîne une baisse de température. Cependant, nous pouvons aussi constater que même en été, il peut faire un temps d'autant plus chaud et « lourd » lorsqu'il y a une couverture orageuse.
Il existe un seuil environnemental de paramètres climatiques.

Discutons aussi de la lumière ambiante précisément. Une obstruction atmosphérique opaque entraîne évidement une baisse de la luminosité diurne. Nous avons évoqué les facteurs de température à la baisse qu'elle engendre, mais cela ne peut formuler une extinction totale spécifique sur les « super espèces ». Si l'importance de l'intensité de la lumière environnementale a un impact principal et certain sur le foisonnement des couleurs des organismes qui habitent un milieu, sa faiblesse, et même son absence, n'est pas un problème irrémédiable à la vie. Nous le constatons de nos jours avec les animaux nocturnes et les espèces des fonds marins extrêmes qui, pour vivre, se « passent » de l'absence de cet élément.

En définitive, il y a eu de grandes variations alternées de température, passant de la très chaude, à la froide, et inversement.

Nous pouvons reconnaître que le terme et la notion d'« hiver nucléaire » sont impropres pour caractériser cette période d'une manière générale, globale et unique.

5. Une couche géologique spécifique.

La couche spécifique de la crise « K-T » est dispersée sur toute la surface de la planète, et est relativement mince. Elle est constituée d'argile, de fortes concentrations de suie, et surtout elle présente un taux élevé en iridium, ainsi que d'autres preuves de son origine extraterrestre tels que des minéraux fracturés (quartz choqués), des microsphérules, des spinelles ou des magnétites nickélifères, etc. Cette anomalie omniprésente en iridium est donc le témoin d'un phénomène unique à une échelle planétaire.

La couche géologique du « K-T » exprime une période « spécifique » sur les plans climatique et environnemental, démontrant une atmosphère chargée qui valide l'existence alors d'un « hiver nucléaire ».

Sa faible épaisseur indique une brièveté dans le temps de ces facteurs extraordinaires.

Cependant, vu les circonstances de sa formation, cette couche géologique ne doit pas être étudiée comme les autres strates des autres périodes de l'existence de la Terre.
Elles doivent être abordées sous un angle d'observation différent, afin de déterminer ce pour quoi elles peuvent servir comme preuves exactement.

En effet, s'il y a eu une forte concentration d'éléments solides dans l'atmosphère par la présence de nuages de poussières et de résidus, il est évident et certain que le dépôt de la couche géologique fut amplifié, et accéléré. Une atmosphère plus dense en matière créera, pour une même durée de temps, une strate d'une épaisseur plus importante.
Il est évident que l'épaisseur de cette couche ne peut correspondre à une même quantité de temps que pour celle d'une autre période dont l'environnement aérien est moins chargé.
Il est aisé de comprendre que la quantité de temps nécessaire pour la constitution de cette couche spécifique est réduite par rapport à celle d'une époque plus « propre ».
De plus, il est à considérer les facteurs climatiques extraordinaires (vent, pluie, température) qui peuvent faire accélérer le dépôt, ou favoriser certains lieux géographiques par le ruissellement (cuvettes, vallées, etc.).
Sans compter certains autres facteurs du domaine de la physique, la durée de l'« hiver nucléaire » fut

beaucoup plus courte que son épaisseur seule pourrait la laisser suggérer.

6. Une baisse du niveau des mers.

A l'instar de la couche géologique spécifique de la période « K-T », la considération de la baisse du niveau des mers est à exprimer différemment de ce que l'illusion de la logique immédiate procure.

Plusieurs notions sont à développer en matière de niveaux.

Tout d'abord, un « niveau de mer » est défini par rapport à la terre émergée. Cette référence est fictive car elle ne possède pas de base précise et fixe uniformément répartie. Ainsi, le relevé étalon est uniquement une moyenne constatée. Le problème est que sans plancher universel, cette valeur relevée ne peut être scientifiquement acceptée comme valable en tant que mesure comparative géographiquement, et d'autant plus du facteur temporel d'un ordre si important tel que celui que nous étudions. Il y a variation manifeste de la référence.

La seule constatation que nous pouvons admettre est qu'il y a eu plusieurs stades de confrontation aqueuse avec le milieu solide qui ont été matérialisés dans le temps par une ligne de flottaison.

Puisque le système qui est pris comme référence (partie émergée) n'est pas figé au cours du temps, il ne peut être considéré comme une échelle de mesure des valeurs du niveau des mers pour une étude comparative temporelle.

La différence peut être autant dû à une baisse du niveau de l'eau qu'à une montée de la terre émergée.

Ensuite, par la même orientation de pensée, le niveau repérable sur la terre n'est que par rapport à la profondeur du « trou » occupé par l'eau. Si le volume immergé du contenant s'accroît, le repère extérieur du niveau de l'eau semble descendre alors qu'il peut y avoir la même profondeur et le même volume d'eau.

Nous le voyons, si la terre émergée s'élève, ou si le fond marin s'effondre, le repère laissé par la ligne de confrontation de l'eau laisse croire à une simple baisse du niveau de l'eau alors que le volume de celle-ci n'a pas varié. Ainsi, cette mesure révèle une fausse interprétation.

Il est important de comprendre que cette apparente baisse du niveau est utilisée uniquement à des fins scientifiques pour expliquer une causalité préjudiciable à la vie.

De plus, la planète Terre ne présente pas une répartition uniforme de ses matières solides, autant pour celles submergées que celles émergées.

En effet, prenons un exemple simple : un cube creux servant de contenant dont le fond est recouvert d'une surface uniforme de terre. Versons de l'eau. Les répartitions tant de l'eau que de la terre étant uniformes, la valeur de mesure de la profondeur et le niveau défini par le repère sur le bord peuvent démontrer une variation (montée ou baisse de l'eau). La paroi du contenant et le fond de terre sont à assimiler comme une seule et même partie.

Dans ce même espace, créons une accumulation avec la matière du fond (terre) pour constituer une partie émergée. Sur cette partie, le niveau de l'eau s'y précise. Otons maintenant un certain volume de la matière solide du fond, ou rapportons le sur la partie émergée, le « niveau » d'eau semble diminuer. Mais cela ne veut pas dire qu'il y a moins d'eau, et donc qu'il y a moins de fond. Au contraire, la profondeur va augmenter tandis que le niveau relevé sur le bord va baisser. L'eau est simplement déplacée.

Tout n'est qu'une répartition des volumes.

Le problème est que le volume de terre émergée est un paramètre primordial pour établir une réelle valeur, et qu'il demeure absolument inconnu par la difficulté à le quantifier.

Imaginez la Terre sans eau, mais uniforme comme un ballon, sans aspérité, ni creux, ni bosse. Apportez-y de l'eau, et selon la gravitation, elle se répartira sur toute la surface, d'une manière uniforme.

Quel niveau pouvez-vous espérer établir comme référence ?

Juste la mesure de la profondeur qui sera égale en tout point du globe, n'est-ce pas ?

En reprenant l'exemple précédent, imaginez que la paroi sur laquelle vous avez marqué le niveau se déplace en hauteur parce que le plancher sur lequel elle repose (sol immergé) subi une élévation. Le niveau semble changer, mais en fait, c'est la règle de mesure qui se déplace… Les relevés sont faussés parce que la référence n'est pas fiable.

Désormais, prenez votre volume de terre émergée, et nivelez-le pour gagner de l'espace sur l'eau. Que se passe-t-il ?

De nouveaux changements des valeurs du « niveau ». Il peut y avoir création de grande profondeur, tout en conservant d'autres de faible profondeur.

La planète présente des variations incessantes dans la répartition de ses terres. Or, cette dernière par rapport à sa ligne de confrontation avec l'eau est prise comme référence altimétrique. De par l'inconstance du support de son repère, et l'absence de connaissance du volume contenant, le niveau de l'eau ne peut être examiné comme une donnée fiable pour elle-même.

Il n'est nullement décrit que ces différences sont à attribuer à l'eau ou à la terre. Quel est le système référent pour l'autre ?

Dans un certain sens, nous pourrions tout autant convenir que cette différence de niveaux exprime un probant changement géologique important d'une répercussion planétaire.

Il est évident que l'absence de point de référence parfait, c'est-à-dire des valeurs insensibles au passage du temps rend impossible la véritable évaluation d'un niveau marin au cours des temps, et par conséquent d'admettre une baisse.

7. Une modification notable de la flore.

Il a été observé dans les couches de sédiments lacustres concernant la période K-T, une croissance du nombre de spores de fougères, et une réduction des grains de pollen des plantes à fleurs. Passé cette période, les quantités de spores de fougères et de grains de pollen reviennent à des taux « normaux ».

Il est indéniable que la flore a vécu, et/ou subi une période « spéciale ». L'absence de « saisons franches » durant le Crétacé exprime un climat constant favorable à un renouvellement sans cesse et rapide de la floraison.

Les plantes à fleurs ont donc développé le mode d'hibernation au cours de cette période difficile, faculté qui leur a été utile par la suite avec l'apparition de différentes saisons.

Si la cause de ce changement radical de la flore pour cette période est explicable par un climat moins doux provoqué par un « hiver nucléaire », il n'explique pas l'absence de réapparition des espèces végétales géantes.

Une exception à cette règle : les plus grands arbres actuels, les Séquoias. Cette variété est apparue il y a 200 millions d'années, au début du jurassique. Elle a été présente pour les deux tiers de la période du « Secondaire », et a résisté à la crise « K-T ». Mais sa caractéristique physiologique est assez particulière...

8. Une brièveté de temps de causes et de conséquences.

Tout ce qui a été évoqué précédemment exprime une relative brièveté dans la survenance et/ ou la modification de paramètres environnementaux.

Pourquoi ?

Simplement grâce aux preuves fournies par l'absence d'adaptation. La capacité d'évolution des êtres vivants est fantastique par sa capacité omniprésente et omnidirectionnelle, et surtout tenace. Cependant, elle a besoin de temps. Les modifications physiologiques se font peu à peu, et pas à pas. Si le phénomène perturbateur avait été plus progressif, ou du moins acceptable dans la « marge de tolérance », l'adaptation au changement aurait eu le temps nécessaire pour générer une évolution physique. Même en considérant la théorie de la variation de la gravité (TVG), si celle-ci avait été progressive, l'adaptation musculaire et articulaire se serait peut-être produite. Ou du moins, une réduction de la taille se serait effectuée, en gardant plus ou moins les mêmes espèces (voir, par exemple, les crocodiliens) puisque la chaîne alimentaire était efficace et éprouvée.

Par l'existence des lois de l'évolution, une brièveté de conséquences ne peut être due qu'à une brièveté de la survenance des causes. L'effet « Radical ».

Pourtant, nous l'avons évoqué, des relevés scientifiques ont permis d'évaluer cette période de « transition » à plusieurs milliers d'années.

Nous avons appris à nous méfier des rapides conclusions bercées par des apparentes observations scientifiques. Si la qualité de l'étude et du moyen peut être incontestable techniquement sur le plan scientifique, c'est son analyse et son interprétation qui laisse à penser… différemment.

Les premières conclusions fondamentales à ce stade.

1. Le phénomène qui s'est produit fut soudain, et ses conséquences furent, somme toute, « brèves ».

2. Les paramètres du phénomène originel, et de ses conséquences, furent radicaux à l'encontre de certaines espèces.

3. La capacité d'évolution a été prise de vitesse par le changement d'au moins un paramètre environnemental.

4. Pendant et après le K-T, il n'y a pas eu d'absence d'évolution des espèces. Ce qui est considéré comme « absence » dans ce domaine de la taille est le fait qu'il n'y avait ni de nécessité, ni d'utilité (importance dans le sens d'urgence) d'adaptation à cette variation du facteur environnemental qui perturbait, par ses nouvelles contraintes, le paramètre de la taille. Cette dernière n'étant pas une priorité pour les espèces déjà en deçà du « plafond autorisé ».

5. Il y a bien eu des conditions climatiques difficiles et, surtout, nouvelles. Des saisons, jusqu'alors inconnues par ces espèces, sont apparues. La disparition ou la réduction des plantes à fleurs à cette période exprime bien le fait que l'hiver a été persistant au cours des années suivantes. Il n'y avait alors plus de saison bénéfique à la germination, conduisant ainsi à une contrainte pour les graines des plantes à fleurs à entrer en « hibernation », reflétant une apparente « disparition » totale sur plusieurs centaines de milliers d'années.

6. Il n'y a pas de preuve utile (référent précis et certain) pour attester de la baisse du niveau des mers, et par là même, de la réduction de la quantité d'eau disponible pour la biomasse. Il se pourrait qu'il se soit présenté une répartition différente du même volume aquatique.

7. La difficulté évidente de trouver, pour les plus grandes espèces, des abris à leur taille.

8. Une environnement dévasté, tel un désert, offre que très peu d'aide aux proies, à la dissimulation.

Les conséquences inévitables de l'impact du météorite.

1. Conditions Climatiques :

Atmosphère :

L'impact d'un météorite d'une énergie équivalente à 5 milliards de fois celle de la bombe d'Hiroshima entraîne des phénomènes dans le « voisinage » :
– élévation brutale de la température (plus de 10.000 °C),
– fusion des roches,
– vaporisation,
– incendie des forêts.

La chaleur dégagée dans l'atmosphère provoque des combinaisons entre l'oxygène et l'azote de l'air qui retombe sous forme de pluies d'acide nitrique (NO2).

Par ailleurs, cette impulsion provoque un accroissement de l'activité sismique.

Les « Trapps du Deccan », succession de couches de lave basaltique en Inde, permettent de valider une activité volcanique il y a 65 Ma, pendant environ 1 million d'années.

Nota Bene : Cette dernière évaluation sur la durée est faussée par les conditions « extraordinaires» de l'atmosphère, et ne doit pas être retenue comme certifiée.

L'effet de serre qui s'ensuit crée de grandes quantités de Dioxyde de Carbone (CO_2) et de Dioxyde de Soufre (SO_2). De toutes ces conséquences cumulées de captation d'O_2, il en résulte une baisse significative du taux d'oxygène dans l'atmosphère.

Si un accroissement d'apport en oxygène est nécessaire à l'assimilation du carbone, ce qui a pour effet de provoquer une augmentation de la masse musculaire, l'inverse est aussi vrai.

Ainsi, un pourcentage d'oxygène à la baisse est un facteur d'asphyxie musculaire. Il est évident qu'une réduction significative de l'oxygène dans l'atmosphère provoque des effets néfastes sur les organismes qui en ont le plus besoin : les espèces géantes, grandes consommatrices d'oxygène, tant dans le règne animal que végétal.

Aussi, seuls les petites espèces peuvent s'accommoder, sans trop de handicap, d'une réduction d'oxygène disponible.

Il est à noter que la déficience de captation de carbone par les organismes des espèces animales et végétales est un autre facteur prépondérant de déchéance. Il se peut donc que le carbone nécessaire à la constitution des organismes ne fut peut-être plus assez disponible et suffisant sous une forme assimilable immédiatement.

Il se peut aussi que, pendant les millions d'années précédant l'impact, au regard de la quantité croissante de Dinosaures, la quantité de méthane dans l'atmosphère se soit accrue.

Nous pouvons constater actuellement avec les vaches ce réel problème atmosphérique, et il est probable que les herbivores de cette époque, au vu de leur taille et de leur nombre, aient pu faire augmenter d'une manière significative le taux de ce gaz. Ce n'est peut-être pas primordial, mais cette valeur devrait être prise en compte dans le mécanisme des effets et conséquences de l'impact.

Il est aussi à noter qu'une modification de la pression atmosphérique ait pu naître, et avoir un effet « indésirable » sur certaines espèces.

Il est certain que l'atmosphère est ensuite chargée d'« impuretés étranges», comme le témoigne l'accumulation d'iridium dans les couches géologiques de cette époque.

Climat :

Des changements de conditions météorologiques se créent, et opèrent sur l'environnement du vivant.

L'installation d'un « hiver nucléaire » succède à la brièveté de température extrêmement élevée qui s'est propagée immédiatement après l'impact.

De nouveaux climats, jusque là inexistants et inconnus de la flore et de la faune, voient le jour.

Aux pluies torrentielles déjà présentes, s'ajoutent des intempéries accentuées : neige, grêle, nuages lourds, cyclone, etc., associés à de températures basses, voire négatives en certains lieux, face auxquelles les espèces vivantes n'ont jamais été confrontées.

Les conditions contrastées, géographiquement voisines, sont exprimées par des phénomènes, tout d'abord, non réguliers, perturbant fortement le développement (germination stoppée en cours de cycle), voire annihilant, certaines vies. Seules les plantes de type fougères se sont alors développées.

Les variations climatiques disparates et de fortes amplitudes tout autour du globe, sont favorisées ou défavorisées par les configurations « redistribuées » des mers et des terres.

2. Alimentation :

Nourriture :

La luminosité diurne ayant fortement diminué par rapport à l'ère antérieure à l'impact, la quantité de plantes à fleurs décroît brusquement.
Les grands végétaux découvrent et subissent de nouvelles contraintes physiques : le poids et la variation des climats.

Pour ce qui est du premier facteur, les poussières et les débris qui chargent l'atmosphère se déposent de plus en plus sur leurs feuilles. Telle la neige de nos jours sur les arbres, les branches cassant sous son poids, les plantes d'alors subissent les mêmes graves préjudices.

A cela, s'ajoutent les « nouveautés » climatiques comme l'apparition de la neige, de la glace et de la grêle qui accentuent cette difficulté à supporter d'autres formes de dépôts (glace, neige) en sus de ceux déjà évoqués, et la découverte d'une insolite basse température, alors totalement inconnue.

A ce titre, la baisse de température cause une gélification de la sève, freinant ainsi sa circulation. La viscosité de la sève et sa réponse au froid par sa constitution chimique ont une importance dans la survie de la plante.

Les plus grands végétaux sont touchés.

Les autres, de par leurs morphologies réduites, sont plus aptes à supporter les nouvelles contraintes, tant grâce à leur nature anatomique et organique qu'à leur situation privilégiée sous le couvert de plus grands spécimens. Ceci étant pour la flore.

Quant à la faune, les petits individus sortent leur épingle du jeu en ayant accès à un plus vaste choix d'abris (grotte, terrier, etc.), quand les grands ne peuvent se soustraire aux conditions environnementales extérieures.

Ainsi, la disparition des grands végétaux entraîne un problème de nourriture pour une certaine variété d'animaux : les géants herbivores. Il est probable que cela ne soit nécessairement pas gênant pour les carnassiers.

En effet, ceux-ci ne sont pas les plus grands en taille. Il n'est pas certain que leurs proies exclusives ou essentielles soient les plus grands herbivores (Diplodocus, par exemple), mais plutôt des espèces plus « petites ».

Quoi qu'il en soit, ils auraient pu, par la suite, se contenter de ces minimes espèces pour se nourrir.

Certes, dans ce cas, cela crée une augmentation de la mortalité (plus de corps pour un même besoin de masse de nourriture). Mais, il est à noter que ces carnassiers s'attaquent aussi à d'autres carnassiers.

Le problème de nourriture n'est pas omniprésent sur la « chaîne alimentaire », seules des modifications sur certains « maillons » s'effectuent.

Le mode d'alimentation de certaines espèces change, parfois simplement par la nature et l'objet de la proie.

Eau :

Les tsunamis provoqués par l'impact dénaturent les eaux douces présentes dans les terres émergées, des fleuves aux nappes phréatiques.

La pénétration du Tsunami à l'intérieur des terres n'est peut-être pas globale, dépendant de l'altitude de celles-ci, comme nous l'avons déjà évoqué.

L'impact a créé un trou, et une élévation des terres sur ses périphéries. Mais, si l'altitude générale des terres émergées du globe était peu élevée, présentant peu de montagnes, il est certain que les Tsunamis ont eu un effet plus dévastateur sur ces surfaces particulièrement plus vulnérables.

Ce problème de « pollution » est constaté actuellement dans certaines îles, par les infiltrations d'eaux saumâtres qui détruisent toutes les cultures des champs présents.

A cela, associé à l'encombrement atmosphérique des poussières retombantes, les eaux douces ont sûrement été fortement souillées.

Par ce dernier facteur supplémentaire, seuls les gros consommateurs et utilisateurs, tant en eau douce que salée, ont sévèrement pâti de la réduction de disponibilité de cette indispensable ressource à la vie.

Discussions sur quelques théories

1. La cause par l'impact du météorite.

Si la collision d'une comète ou d'un astéroïde sur la planète Terre, il y a environ 65 Ma, est un fait désormais acquis scientifiquement, il ne peut, à lui seul, exprimer les conséquences absolues et exclusives qui en ont été induites directement.

En effet, de tels dommages irréversibles, comme des extinctions, ciblés sur une particularité précise, le gigantisme, et d'une manière catégorique ne peuvent être acceptés comme le fruit d'une cause directe unique.

L'explication retenue est que ce type d'explosion de cette quantité d'énergie provoque une montée de température extrême suivi d'un « Hiver Nucléaire ». Et ce dernier aurait eu raison de l'existence des Dinosaures en brisant un ou plusieurs maillons de la chaîne alimentaire...

C'est acceptable comme théorie, mais elle demeure insuffisante.

En effet, si le refroidissement qui a suivi pouvait être considéré comme universel, l'accroissement soudain de la température ambiante n'a pu être omniprésent sur la planète.

Aussi, le plus important et le plus intéressant qu'offre ce facteur perturbateur qu'est un choc violent, est la considération des paramètres physiques externes qui le « subissent ».

La piste de l'environnement est plus appropriée.

2. La cause « Climatique ».

Un brutal changement climatique ne peut tout expliquer. Et même, si c'était le cas, la question primaire ne serait que simplement déplacée dans un autre compartiment. Il serait toujours nécessaire d'en comprendre la ou les causes originelles directes !

Il n'a pas été prouvé que la température a considérablement baissé sur une répartition géographique uniforme, au point de perturber toutes les espèces sur toute la planète, en même temps.

De plus, l'impact peut occasionner des situations qui pourraient être contraire à ces conditions : l'effet de serre.

Si la disparition des Dinosaures était seulement liée au refroidissement de la température ambiante, par rapport à leur organisme à sang froid, pourquoi, durant la même période, les autres reptiliens n'ont pas aussi été éradiqués ?

La quantité de lézards a même augmenté après le KT. Ils ont donc bien survécu… Il est certain que, grâce à leurs petites tailles, ils pouvaient trouver un abri dans les cavités terrestres (grotte, souterrain, terrier, etc.).

Ce facteur qu'est le changement climatique est un maillon de l'explication, mais pas le principal et l'unique.

3. La cause de la sénescence génétique.

La théorie selon laquelle les Dinosaures, et d'autres espèces, auraient « raté » leur évolution s'appuie sur deux possibilités :

L'incompétence ou l'incapacité.

L'incompétence discute du fait que les Dinosaures n'auraient pas eu une grande faculté d'adaptation.

Or, leur règne s'étale sur plus de 165 millions d'années, période suffisamment longue pour subir des variations climatiques et géologiques, prouvant que leur faculté d'adaptation était « rodée » et efficace.

L'incapacité est appuyée sur l'hypothèse de l'épuisement de leur patrimoine génétique.

Or, il y a toujours eu des émergences et des extinctions d'espèces.

Et, durant la fin du Crétacé, les Dinosaures occupent toutes les parties du monde, et surtout, ses espèces sont en expansion et en diversification.

Si l'expansion peut exprimer un probable appauvrissement du potentiel génétique d'une espèce, la diversification est bien un contre argument.

La sénescence est certes inévitable, mais elle ne peut expliquer l'origine d'une commune et synchrone conséquence pour une grande quantité d'espèces, tant animales que végétales.

Dès lors que la sénescence ne peut être relative qu'à un type d'individu, et que la « Nature » trouve toujours un « chemin » pour pérenniser la vie, l'apparition de nouvelles espèces expriment le caractère évolutif d'une branche, le terme générique, de « Dinosaures » par exemple, restant en vigueur.

Et chaque « branche » n'est qu'une compartimentation de spécificités communes, établie sur certains critères définis par l'Homme... Ainsi, ce que nous pourrions considérer comme éteint suivant une classification, pourrait être existant sous une forme seulement mutante qui appartiendrait à une autre classification selon nos propres critères conventionnels sur certaines similarités.

La sénescence peut être entendue sur une race bien définie, mais en aucune manière sur une espèce puisque, par définition, elle n'a pas de « frontière » génétique. Les oiseaux sont la preuve de l'absence de sénescence dans le monde vivant dans sa généralité puisqu'ils sont des descendants d'une autre espèce, éloignée par ses différences tant sur le plan morphologique que visuel.

4. La cause de « la Baisse du Niveau des Mers ».

Il a été émis l'idée que les Dinosaures auraient gravement subi cette variation à la baisse du niveau des mers.

Il a été certes constaté une apparente baisse du niveau des mers ; mais, y a-t-il eu pour cela une réduction des surfaces immergées ?

Ainsi, l'erreur première est de faire l'amalgame entre la surface et le volume.

En effet, dès lors que nous abordons l'environnement aquatique, nous devons l'envisager en terme de volume et non de surface, au regard de l'opportunité d'occupation de son espace en véritable 3 dimensions.

Cette méprise écartée, nous ne pouvons plus retenir le cas que l'apparente baisse de niveau soit une évidente baisse du volume d'eau disponible, expliquant de fait, la mortalité d'espèces aquatiques géantes, tant animales que végétales.

Et même si c'était le cas, quels réels dommages peut causer une baisse du niveau des mers sur des espèces terrestres ?

Et, quel serait le problème pour les animaux terrestres de bénéficier de davantage d'espaces ?

En fait, pour évaluer un véritable changement environnemental aquatique, il est nécessaire de connaître le volume du liquide, et la surface qu'il occupe.

Et encore.

Dans une situation topographique irrégulière et complexe, la répartition peut être différente pour un même volume / surface.

Par ailleurs, une baisse du niveau offre une aisance accrue au réchauffement de l'eau.

Or, il a été constaté un refroidissement des mers au cours des 4 derniers millions d'années du Crétacé. Cette variation a pu être favorisée par des circulations de courants nouvellement créés, d'une part, par la formation de nouvelles mers, et d'autre part, par les différences de températures des zones géographiques maritimes au regard de leurs différentes profondeurs.

Nous l'avons vu précédemment, ce qui est convenu comme une baisse du niveau des mers, à la même fameuse frontière « K-T », est plutôt à relever comme une variation de la répartition des masses solides et liquides.

En fait, cette observation a été considérée comme une cause primordiale de l'extinction, alors qu'elle serait plutôt à estimer comme un facteur « conséquence » d'un ou plusieurs autres phénomènes, antérieurs, ou parallèles.

Comme pour les autres points, il serait à revenir à déplacer la question :

Quelle serait la cause de cette baisse du niveau ?

Nous le voyons, cette approche est inacceptable de par sa conclusion scientifique directe (baisse du niveau), notamment pour expliquer l'extinction d'espèces terrestres.

5. La Cause des espèces végétales.

Les plantes à fleurs (angiospermes) sont apparues au cours du Jurassique (-150 Ma), soit 85Ma avant la crise K-T.

Associée à la pseudo thèse de leur difficulté d'adaptation face à un nouvel environnement, les Dinosaures herbivores ne se seraient pas adaptés à cette inconnue et envahissante nourriture, rompant par conséquent, la chaîne alimentaire au niveau des carnassiers géants, en manque alors de proies.

Si cette « nouveauté » de la flore avait été « gênante » pour l'existence des Dinosaures, soit, ils auraient disparu plus rapidement et plus tôt, soit, ils auraient eu le temps de s'adapter pour pallier à cet éventuel problème.

Pourtant, leur nombre d'espèces n'a cessé d'être en croissance durant la fin du Crétacé jusqu'à la crise K-T...

Ces simples constatations démontent facilement cette théorie qui porte la seule cause de la disparition des Dinosaures sur l'apparition et la « supplantation » des plantes à fleurs dans le domaine végétal.

L'outsider : La Cause du facteur « Poids »

Au cours de l'ère secondaire (Mésozoïque), sont apparus les Dinosaures, mais aussi les mammifères (fin du Trias), les oiseaux et les plantes à fleurs (seconde partie du Jurassique).

Ces trois derniers ont survécu jusqu'à nos jours sous diverses nouvelles « formes » grâce à l'adaptation par la morphologie (Évolution).

Les espèces remarquables par leur taille démesurée, par rapport à ce que nous connaissons depuis, ont été éradiquées. La qualité de gigantisme, tant pour la faune que pour la flore, est apparue au début, et s'est éteinte à la fin de cette ère.

Le fait que d'autres espèces, non importantes en volume, aient aussi disparu ne peut être pris en compte directement. Celles-ci sont à estimer comme victimes d'autre(s) cause(s), ou au mieux, comme un des facteurs « cause » d'ordre inférieur de l'extinction des espèces géantes (raréfaction de la nourriture, par exemple).

Le volume est associé à la masse par une croissance exponentielle. Un être deux fois plus grand pèse beaucoup plus que le double.

A cela, la solution apporte elle-même un accroissement du problème par un « cercle vicieux ». En effet, plus le volume augmente, plus la masse augmente, et plus la force nécessaire pour le mouvement de cet ensemble doit être importante. Pour une taille augmentée, il faut une ossature d'autant plus considérable, et une musculature qui va de pair. Et comme, plus gros sont les muscles, plus ils ont une masse importante, il faudra donc à cette musculature corporelle de transporter et supporter davantage de masse.

Ainsi, il est évident que le facteur « Poids » est à considérer comme primordial.

Le Poids étant la résultante de la Masse par le coefficient de la Gravitation (P = M x G), cette dernière valeur est bien le seul facteur pouvant perturber d'une manière remarquable, un objet resté égal à lui-même.

D'autant plus que tous les paramètres évoqués la subissent et, qu'il a été étudié et calculé que des espèces de cette immense taille ne pourraient vivre actuellement.

La force de gravitation, « G », a nécessairement augmenté.

Pourtant, il a été remarqué que, durant cette même période néfaste, dans l'océan, 15 % des espèces furent éradiquées malgré leurs tailles « raisonnables ».

L'influence de « G » ne serait donc plus de mise...

D'une part, la « faute » peut revenir à une autre cause, même totalement étrangère au facteur poids, sans pour autant gêner la possibilité d'une variation de « G ».

Ce n'est pas parce que certaines espèces ont pu subir d'autres contraintes que ce facteur est à oublier ou à nier pour expliquer la perturbation d'autres vies.

Et d'autre part, il faut savoir que la plupart de ces espèces marines étaient de la famille des invertébrés. Avec cette connaissance, cela n'est plus gênant, ou même étranger à « G ». En effet, un organisme, ou même un objet, sans structure rigide est moins soumis à certaines contraintes de la physique, mais, il est aussi sensible à une variation à la hausse : la marge de tolérance d'acceptation (MTA).

Dans ce sens, il est vrai qu'une charpente osseuse devient, sans conteste, utile, voire indispensable si une augmentation du poids se produit. Sans cette particularité de structure, il est possible que des espèces même de tailles « normales » aient pu souffrir d'une variation de « G »…

De plus, pour un organisme de type « mou », la masse musculaire est davantage sollicitée car elle a cette double fonction : celle du mouvement et celle du maintien de la configuration du corps. Par conséquent, ses besoins en nourriture et en oxygène sont plus élevés. Et si un faisait défaut, tout l'organisme en pâtirait.

Cela est un bien bel exemple à retenir : il ne faut jamais s'arrêter en cours de chemin quand un nouveau fait contredit un autre, ou même une théorie. Bien au contraire, si d'apparence opposée, il peut en devenir un étai supplémentaire.

Il est aussi utile et nécessaire qu'un des facteurs primordiaux ayant favorisé l'extinction des Dinosaures soit un facteur persistant, puisqu'il n'y a plus jamais eu d'espèces, tant animales que végétales, présentant cette particularité de gigantisme.

Seuls les animaux de moins de 25 kgs ont été épargnés à cette période charnière.

Les rares espèces dominatrices de taille qui ont survécu sont certains crocodiliens, par une taille inférieure à celle d'alors, semblant n'avoir subi aucune contrainte radicale au cours de cette pénible époque.

Or, il est à noter que ces derniers et d'autres reptiles (lézards, serpents, tortues, etc.) présentent tous un centre de gravité placé bas. Ainsi, s'ils paraissent être une preuve d'absence de variation de « G », c'est uniquement par le fait qu'ils y sont moins sensibles par leur comportement corporel répondant mieux à ces contraintes à la hausse.

A contrario, un organisme dont le corps est développé en hauteur, offrant un centre de gravité élevé, est plus réceptif à cette valeur de « G », et moins « armé » pour répondre à ses contraintes, notamment en cas de chute.

Notons aussi qu'il est probable qu'en lieu et place de l'observation selon laquelle les « petits » auraient été, apparemment, épargnés, ce soient plutôt de grands reptiliens dont la croissance aurait été ralentie et stoppée prématurément pour « convenir » à la nouvelle norme gravitationnelle.

Et n'oublions pas le fait que la constatation d'un préjudice non attribué à ce paramètre n'est pas une preuve de sa non existence, ou de son invariabilité.

Les effets de « G » sur l'environnement

- **Encore « G »...**

Il est certain que « G » a une influence sur la taille des organismes.

Un astronaute « grandit » dans l'espace.

Cela est certes dû à une absence de tassement vertébral, mais si l'organisme avait été en impesanteur durant sa croissance, sa taille et sa morphologie auraient été bien différentes.

« G » agit sur la conception des organismes.

En effet, certains oiseaux retournent régulièrement leurs œufs. Cette manière n'est que le moyen d'occasionner une répartition interne homogène afin d'éviter le phénomène d'accumulation et de dépôt exercé par la force de la pesanteur (cf. escarre).

Les œufs de petites tailles sont moins assujettis à cette force gravitationnelle en terme de préjudice. Tout n'est que rapport de proportion. Au-delà d'un seuil, la matière interne a une masse trop importante pour « échapper » aux difficultés des contraintes de la pesanteur. Une attention particulière doit être apportée au cours de son développement, d'où la nécessité pour l'œuf d'être régulièrement retourné.

Dans ce cas de considération, il est certain que, vu leurs tailles et leurs masses internes, les œufs de

Dinosaures subissent davantage de contraintes de la part de « G », et sont donc plus sensibles à une variation à la hausse de cette dernière.

Les vivipares n'ont pas ce problème puisque leurs organismes changent de position incessamment.

Les lois de la physique positionnent des barrières aux organismes.

Par exemple, passé un certain plafond, elles interdisent la possibilité d'existence d'une certaine taille.

Il a été étudié qu'avec les contraintes physiques actuelles, notamment celles liées au poids, il était impossible à un organisme constitué d'une manière telle que nous en connaissons les caractéristiques gigantesques d'alors, d'accéder à une taille telle qu'elle a été offerte durant le mésozoïque.

La taille est un handicap pour les deux types d'organismes, animal et végétal.

En effet, les plantes n'échappent pas à cette contrainte. Nous avons pu constater des branches d'arbres, réputées solides, sommairement cassées uniquement par le poids de la neige. Il est aisé d'accepter le fait qu'un changement brutal de « G » ait autant perturbé les végétaux que les animaux.

Si des études ont démontré qu'un Diplodocus ne pouvait vivre actuellement de par une impossibilité, ou du moins, une insuffisance d'irrigation sanguine jusqu'à sa tête, due à la gravité, il est à accepter que les « supers végétaux » avaient les mêmes difficultés à pomper la sève jusqu'à leurs parties les plus élevées.

Il leur serait alors nécessaire d'élaborer un nouveau système de circulation du fluide, le problème de la physique étant relatif à la « pompe » :

le volume, la nature (viscosité) du produit déplacé et la hauteur à atteindre.

Certes, il y a le système de clapets anti-retour dans les vaisseaux sanguins, mais avec un accroissement soudain de la gravité, la « pompe » doit cependant fournir un travail plus conséquent.

Et si les espèces étaient déjà à leurs apogées structurelles, ces dernières se sont retrouvées subitement hors norme.

Seuls les séquoias ont trouvé la solution. Ils ont développé un système particulier, à étages. Il serait intéressant de découvrir s'il y a une différence organique et physique entre les séquoias d'avant le K-T et ceux de notre époque. Même si la Nature a trouvé une solution, celle-ci n'est pas parfaite puisque ces arbres ont une structure particulièrement fragile (bois inutilisable par un défaut de robustesse lié à leur structure).

Et ni la nécessité, ni l'utilité n'était de mise pour obtenir cet aspect géant.

Une sorte de démonstration de l'Évolution, ou un test de la Nature. Un reste, un vestige du passé révolu.

Le gigantisme était une possibilité non contraignante, et la Nature a créé des organismes qui allaient au maximum des capacités biologiques au regard des contraintes physiques d'alors.

Si cela ne s'est plus reproduit, c'est bien que les données ont changé depuis.

- **Toujours « G »**

Le problème du poids par rapport à la taille n'est pas d'un niveau proportionnel, mais plutôt exponentiel. Un animal deux fois plus grand n'a pas besoin de deux fois plus de puissance, mais de 8 fois plus.

Nous pouvons remarquer que, si au cours de ces 65 millions dernières années (du K-T jusqu'à nos jours), aucune évolution majeure ne s'est produite pour que la taille des organismes atteigne le gigantisme d'auparavant, c'est bien qu'un facteur physique persistant bloquait cette caractéristique.

La seule influence principale notable en terme de volume (masse / taille) est bien la gravité.

Les expériences sur les hommes en impesanteur prolongée ont bien démontré des changements d'ordre physique, tant au niveau musculaire qu'osseux et articulaire, et ce, en un temps très bref, et sur un même individu.

L'Évolution en ce qui concerne l'adaptation par le moyen de la métamorphose se fait aussi d'une manière intrinsèque, et non pas seulement par la reproduction, d'un individu à sa progéniture. C'est l'Adaptation par une « Riposte Immédiate Physiologique» (« ARIP »), l'un des deux Champs d'Application et d'Action de l'Évolution :

Le « Hic et Nunc » (« C2AE-HN » ; cf. Nouvelles Théories, mais surtout complémentaires sur le mécanisme de l'Évolution).

« Si le plus peut le moins, la réciproque est fausse ».

Au cours des différents vols spatiaux, il a été remarqué une réduction importante des masses des organismes (ossature, musculature et organes), et ce, en quelques mois seulement.

Il a été ainsi observé une réduction de la masse musculaire, mais aussi une modification en profondeur du métabolisme lui-même, avec des faiblesses au niveau de la structure osseuse et des articulations. Ces personnes exprimèrent, à leur retour sur Terre, de grandes difficultés à se réaccoutumer à la gravité « normale ».

Après avoir connu, durant une courte période, une plus faible pesanteur, l'organisme dut entreprendre une éprouvante réadaptation, c'est-à-dire, une « remise en conformité » avec l'environnement pour lequel il avait été conçu initialement.

Imaginez alors qu'un organisme soit confronté brutalement à une gravité plus élevée que celle qu'il a toujours subie.

L'assimilation de ces paramètres est bien plus complexe, et présente alors des limites physiques immédiates.

Nous le constatons, si le problème avait été surmontable, le caractère « ARIP » de l'Évolution aurait permis de vaincre ces difficultés.

Si cela n'a pu être le cas, c'est bien que ce facteur rendait cette considération de gigantisme au-delà de la valeur plafond des lois fondamentales de la physique par rapport à la physiologie possible de la Nature.

Ces organismes étant auparavant au maximum de leurs capacités, avec le changement des paramètres environnementaux, ils se sont retrouvés hors normes.

Ainsi, il est bien à considérer que le facteur commun qui a touché irrémédiablement toutes les « supers espèces » au travers de leur taille est la gravité seule.

Comment « G » a pu varier

- **Les premières pistes.**

Même si la définition exacte de la gravitation était nébuleuse ou évasive jusqu'à nos jours, la nouvelle approche de ce qu'est réellement « G », décrite dans les traités sur la physique exprimant les théories de la « Coalition » et celle du « Chaos Ordonné », permet de comprendre comment la valeur de « G » peut varier.

Mais, revenons donc à notre question fondamentale :
Comment prouver la variation de la valeur « G » terrestre ?

Tout d'abord, évitons de sombrer à nouveau dans la problématique du raisonnement évoqué tout au début, par la confusion de la recherche des causes pour prouver les conséquences.
Aussi, n'oublions pas que le changement de « G », avant de devenir une cause, était une conséquence.
Si nous le considérons sous cette dernière spécificité, il est plus aisé de structurer le champ d'action pour le rechercher, et donc de trouver des preuves de sa variation.

Pour qu'il y ait changement de « G », il faut un changement sur, au moins, l'un des deux paramètres suivants :
- Masse
- Vitesses.

Ce qui pourrait revenir à la valeur d'énergie présente (du contenu et du contenant).

En ce qui concerne la Masse, si nous acceptons la collision par le météorite comme acquis, il y a bien eu un apport de matière. Cependant, à l'échelle de la planète Terre, la variation de la Masse totale est infinitésimale, et donc négligeable.

Non seulement la Masse originelle du corps céleste était extrêmement faible par rapport à celle de la Terre, mais, en plus, l'impact a dispersé une partie de l'objet en énergie. Cet aspect de l'événement est donc insuffisant pour engendrer un changement notable des forces en exercice.

La cause est donc ailleurs.

Il ne reste donc qu'à rechercher dans le facteur « Vitesses ».

Une augmentation seule de la vitesse de rotation procure une augmentation de « G », mais aussi un effet double paradoxal sur la structure de la planète :
- vers le centre, un effet de tassement (force centripète)
- en périphérie, un effet d'expansion (force centrifuge)

Dans ce cas simple, ces deux facteurs causent une augmentation du volume du contenant par le creusement du fond (effet de tassement) et par l'élévation des bords (effet d'expansion).

La constatation de la baisse du niveau des mers pourrait étayer cette possibilité.

Et réciproquement.

Nous l'avons déjà démontré, évoquer l'observation de la baisse du niveau des mers par l'unique interprétation selon laquelle elle serait une preuve exclusive de la baisse de la quantité d'eau n'est pas scientifiquement acceptable.

Par cette vision, il est certain que la réalité observée n'a été que la résultante d'un changement catégorique et universel.

La répartition géographique des différentes masses (liquides, solides et gazeuses) est soumise aux lois élémentaires de la physique, sous la tutelle de « G ».

Mais il y a une réciproque d'une incidence indirecte.

Ainsi, cette masse d'eau, qui est instable par sa nature liquide, influence, par ses déplacements occasionnés, des variations dans les mouvements du globe, et donc sur certaines de ses vitesses.

Même si l'eau subit « G », n'oublions pas qu'elle est un liquide, et donc, qu'elle est incompressible. Aussi, l'eau n'a pas disparu, elle a pu être répartie différemment, certes de manière volumétrique par son état physique (forme gazeuse ou solide), mais aussi par sa situation physique géographique (profondeur du contenant, étalement et déplacement).

Nous l'avons aussi évoquée, la disposition des terres émergées sur le globe a fortement changé au cours de l'ère secondaire. La répartition des masses, solides et donc liquides, s'est effectuée pendant des dizaines de millions d'années.

Aussi, avant d'arriver à un certain équilibre de cet ensemble de matières et de masses en mouvement comme à présent, la rotation de la Terre n'était et ne pouvait être régulier, ou du moins telle que nous la connaissons actuellement.

En effet, au Trias (début de l'ère secondaire), les terres émergées constituaient un seul continent, la Pangée.

Ainsi, la Masse de ces matières solides se trouvait ramassée d'une manière unifiée, d'un côté du globe.

A cela, nous avions la Masse opposée formée de l'élément liquide qui avait cette même particularité de concentration géographique et cinétique, passive pour la première, active pour la seconde.

Les différences d'altitude des matières (masse d'eau évidemment moins élevée que celle des terres émergées) ainsi que celles des positions et des distances de leurs centres de gravité respectifs par rapport au centre de la planète (l'ensemble), associées à leurs différences de structure (solide / liquide) ne peuvent qu'induire un mouvement non régulier du globe terrestre, et une absence de définition figée de son axe.

Même, son déplacement dans l'espace (orbite) pourrait en être aussi non uniforme, voire animé d'une perturbation incessante.

L'ensemble présentait un conflit cinétique défavorable à un mouvement homogène et régulier.

L'exemple qui illustre bien le phénomène d'une mauvaise répartition des masses sur un axe rotatif est celui des vibreurs des téléphones mobiles. Un moteur produit un mouvement rotatif à un axe muni d'une masselotte située latéralement d'une manière asymétrique. Il en résulte une vibration.

La répartition des Masses d'un ensemble hétérogène en mouvement se constitue par la matière solide qui prend le pas sur la matière liquide, plus meuble, plus instable mais aussi plus « tolérante ».

Les déplacements des continents ont été motivés par cette absence originelle d'équilibre des masses.

Il est à noter qu'il n'existait alors pas de calottes glaciaires, aussi, en l'absence de pôles « fixes » et « inertes », l'effet gyroscopique du mouvement de la Terre était nécessairement différent de celui d'aujourd'hui, sans doute non uniforme.

Par ailleurs, l'impact du météorite a engendré un tsunami.

La force cinétique de ce dernier a amplifié ou aidé l'augmentation de vitesse et/ou la modification de l'axe de rotation de la planète. Ensuite, cette force fut répartie par le contact avec les terres percutées. Comme pour toute collision, celle du météorite et celle du tsunami sur les terres émergées, l'énergie apportée s'est répartie sur la destruction matérielle (sens basique de l'impact) et sur les forces acquises du globe terrestre (vitesses).

Le tsunami a eu une implication plus « lourde », plus poussée, plus prolongée que le météorite (au sens propre du choc) sur le mouvement de rotation terrestre, étant complémentaire dans son déplacement, parfaitement dans la tangente du globe, dans une direction parallèle de latitude, notamment proche de l'équateur, et dans le prolongement de la trajectoire de la collision du météorite.

Et tout cela, exactement dans le sens de rotation de la planète.

- **L'effet oublié.**

Au regard des différentes caractéristiques (Masse, capacités de transfert et de mobilité, influence ou soumission) des solides et des liquides, il est certain que les valeurs de mouvements de la Terre (rotation, axe, orbite, etc.) ont subi constamment des variations avec le changement continu de répartition « terre-eau » depuis la Pangée jusqu'à la position géographique de nos jours.

Nous pouvons accepter aussi le fait que l'impact, par son onde de choc et l'énergie libérée, le tsunami provoqué et le changement possible de « G » et/ou de l'axe de rotation aient occasionné un changement accéléré de la répartition des eaux et des terres.

De plus, un impact de cette intensité provoque aussi des perturbations et des redistributions des matières solides : sustentation aérienne de matières dans l'atmosphère, élévation des parois mais aussi effondrement du sol.

Cependant, même si ces considérations cataclysmiques expliquaient une variation de « G », il a été oublié un facteur primordial d'une collision : l'incidence.

En effet, selon l'angle, les conséquences, et donc les nouvelles causes (effet domino) qui en seront créées, peuvent être radicalement différentes. L'énergie, libérée par la vitesse lors de l'impact, n'est pas entièrement transformée en mouvement de masse d'explosion (pulvérisation et élévation des matières dans les airs, tsunami, etc.) mais elle est aussi transmise, au corps récepteur, en une énergie pure, en accélération (positive, ou négative = décélération).

La distribution de cette énergie se réalise suivant les différents paramètres primordiaux.

L'exemple parfait est l'effet de rotation impulsé sur une boule de billard par une poussée hors de la médiane verticale.

A énergie égale, plus le choc est éloigné de cet axe, plus la boule aura un effet rotatif, et moins sa vitesse de déplacement sera importante.

A ceci, s'ajoute la nature des structures des deux corps en lice, qui sont les autres paramètres principaux de définition du résultat.

Ici, celle de la boule et celle de la queue de billard. Si la boule était molle, l'énergie de l'impact se perdrait dans la matière, et si elle était fragile, l'énergie lui causerait des dégâts physiques. Et dans ces deux cas, l'effet voulu de rotation serait, du moins amoindri, voire nul.

Dans ce cas précis de la collision du météorite sur la Terre, le transfert énergétique ciblé a été d'un ratio exceptionnellement élevé par rapport à celui disséminé, grâce à un phénomène particulièrement rare présentant un faisceau concentré fusionnel, et exempt de conflit majeur, des paramètres principaux.

« G » étant une résultante de l'association de la force intrinsèque de la Masse (structures atomiques conjuguées) de l'objet et de toutes les diverses forces créées (cumul de toutes les vitesses de tous ses déplacements spatiaux), il est aisé de comprendre et d'assimiler que la valeur terrestre de « G » ne pouvait être stable, et/ou même être celle d'aujourd'hui.

Comment prouver la variation de « G »

Si « G » a été modifiée, elle ne peut l'avoir été que par un changement d'au moins une des vitesses de la Terre, notamment, celle de rotation.

En effet, une variation notable de sa vitesse de révolution autour du soleil est improbable sans un événement extrêmement important. Or, la répartition de l'énergie de l'impact du météorite, tel que nous le considérons par son angle d'attaque rasant, est insuffisante pour obtenir de telles variations dans ce domaine. Cependant, un changement de trajectoire est probable, sans doute dû au changement de rotation, voire de position de son axe.

Nous y revenons.

Constater un changement de vitesse de rotation est simple :

compter le nombre d'heures pour effectuer une rotation de 360° ; en bref, calculer la durée d'une « journée ».

Avec cette approche, il est fort probable que les journées d'avant l'impact aient été plus « longues » que celles d'après. Ces dernières étant les « presque » mêmes journées que celles que nous vivons actuellement.

Le problème est de savoir comment mesurer en temps, une journée d'il y a plus de 65 millions d'années…?

Il suffit alors d'évoquer les conséquences d'un changement de « G » !

Le raisonnement inversé.

Nous l'avons vu, ce changement de la valeur « G » a obligatoirement été matérialisé par une influence sur la valeur temporelle « terrestre », au regard de la « taille » d'une journée. Cela est appuyé par la théorie de la relativité que nous expliquerons par ailleurs.

Simplement, il est à constater que le passage du temps a été modifié dans une seule partie de son unité.

Une heure est restée une heure, et une journée, une journée. Mais une journée a été réduite en nombre d'heures.

Les cycles de vie, autant des espèces végétales qu'animales, ont été perturbés.

Dès lors que nous pouvons constater aisément qu'un simple décalage horaire d'un voyage lointain ou qu'un changement de saison ont une influence notable sur nos métabolismes et nos vies, imaginez à l'échelle planétaire.

Nous avons à présent des instruments pour mesurer l'heure du temps, mais pour ces organismes, seule l'horloge biologique était de mise, bien réglée sur l'unité de temps d'alors : la journée.

Il faut aussi noter que les multiples saisons n'étant pas existantes, toutes les journées de l'année étaient « quasiment identiques ».

De tels changements, qui n'avaient jamais été connus tant par leurs faits que par leurs effets au cours de la durée de vie des organismes, laissèrent naître une perturbation significative de leurs horloges biologiques, bien réglées et bien stables jusqu'alors.

La Finalité : la cause de la variation de « G »

La cause primaire est certes l'impact du météorite.

Nous l'avons démontré, une même collision énergétique (même vitesse pour une même masse), selon ses caractéristiques (impact, nature des objets - celle du « percutant » et celle du « percuté ») peut altérer différents facteurs fondamentaux, et générer différentes causes.

Cette collision a souvent été considérée d'une direction quasiment verticale.
Or, il y a beaucoup moins de « chance » pour que celle-ci ait été sur un axe perpendiculaire à la surface terrestre plutôt qu'oblique.
Cela est la logique : il y a plus de valeurs angulaires que de valeur 90 °!

Un impact peut être dans un axe parfaitement, ou proche de la perpendiculaire de la surface que sous deux options :
sa trajectoire originelle est telle,
ou sa trajectoire a été modifiée avant l'impact.

Pour la première possibilité, la probabilité est faible sur une surface courbe (en deux dimensions), et encore davantage, sur une surface sphérique (en trois dimensions). Et pour ce dernier cas, il n'y a qu'un emplacement précis.

Pour la deuxième possibilité, la gravité peut en effet modifier la trajectoire. Mais son influence est d'autant plus réduite que le ratio de la vitesse de l'objet par sa Masse est élevé.

Un ensemble tel que la Terre a plusieurs vitesses extrinsèques conjuguées.

Les voici dans un ordre d'importance énergétique, du plus « lourd » (insidieux- éloigné) au plus « léger » (direct- proche) :

- celle de son déplacement dans l'univers (sens général)
- celle de son déplacement autour du soleil
  celle de sa rotation

Pour obtenir, sans un « trop » besoin d'énergie, un tel changement de « G », il ne peut provenir que par une variation de la « dernière » vitesse du système (dans le cas présent, la Terre), la plus « proche », celle de sa rotation.

Celle-ci est la plus sensible implication physique, celle qui nécessite le moindre « effort » pour fournir un effet remarquable.

Pour que cette vitesse de rotation soit accrue, il est bien nécessaire que la répartition énergétique de l'impact, comme nous l'avons précédemment expliquée, soit plus favorable au transfert d'énergie pure qu'à celui d'ordre matériel.

Pour obtenir cet effet maximum, il est logique et obligatoire que la trajectoire d'impact du météorite soit, à la fois :
- au niveau latitude terrestre, le plus proche de l'équateur,
- au niveau direction, le plus parallèle avec la direction de la rotation,
- d'une incidence rasante,
- dans le même sens que celui de la rotation.

Il est à noter que dans le cas du sens inverse à celui de la rotation, un effet « frein » se ferait, un ralentissement de la rotation, mais d'une non égale, d'une inférieure valeur à celle de l'accélération du cas précédent puisqu'il y aurait davantage d'énergie consacrée à la dématérialisation.

N'oublions pas que nous recherchons une preuve concrète.

Pour cela, utilisons le raisonnement inversé.

Donc, si nous voulions obtenir ce résultat optimal, il nous faudrait un cumul absolu des paramètres décrits.

Et si c'était le cas, nous remarquerions alors, non pas une trace d'impact nette, circulaire, mais plutôt allongée, tel un sillon.

Observons alors, la cartographique du Yucatán, et surtout de ses « environs ».

Ainsi, nous pouvons remarquer la topographie particulière de la Mer des Caraïbes.

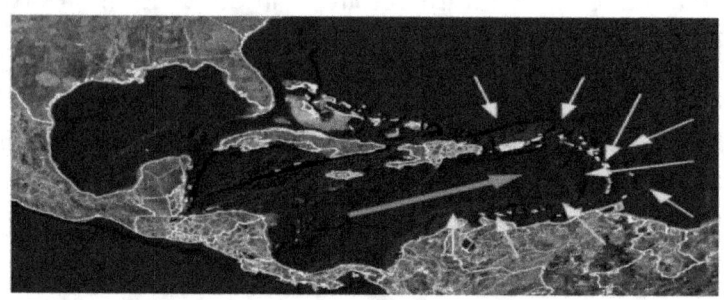

La flèche ROUGE montre bien la trace d'un impact étalé.

Les flèches VERTES indiquent bien les « bourrelets », conséquences d'une poussée longitudinale d'une incidence rasante.

L'impact du Yucatán est alors secondaire, celui d'un éclat.

La trace exprime bien un fort probable impact proche de la tangente.

Dans ce cas, le Tsunami provoqué a été d'autant plus important, par un transfert d'énergie sous forme de poussée, que celui estimé auparavant pour une collision proche de la verticale (45° compris).

Avec tous ces facteurs complémentaires, il est évident que la vitesse de rotation de la Terre, voire la position ou l'inclinaison de son axe, ont été perturbés.

Et ainsi, la valeur de « G » s'en serait nécessairement modifiée.

Le raisonnement inversé

Si l'objectif était de détruire toute une variété d'espèces diverses, en un seul coup, sans en toucher certaines autres, il serait nécessaire d'user tout d'abord d'un facteur qui leur serait commun et propre à elles.

Ainsi, une augmentation de « G » serait l'arme absolue pour atteindre directement les espèces dont la structure est spécifique et exclusive par leur gigantisme.

Ce paramètre environnemental universel est donc à considérer et à penser comme tous les autres domaines généralement étudiés.

Pourquoi, lorsqu'un géologue découvre un plissement de terrain ou une strate, il en déduit et en définit nécessairement sa cause d'une manière certaine ?

Parce qu'il considère cette observation géologique comme « acquise » et indiscutable par la logique et par la connaissance qu'il en a par ailleurs définie.

Alors, pourquoi ne pas observer la même méthodologie de raisonnement pour la gravité ?

Nous avons des faits acquis d'extinctions qui partagent un facteur commun de gigantisme, et la seule explication qui touche le poids, c'est « G » !

Alors, à partir de ce fait acquis de « disparition » de « masses » géantes, pourquoi ne pas accepter cette variation ?

Tout simplement parce que personne ne voulait reconnaître réellement la définition de « G ».

Si, de quelque manière qu'elle fut, une variation de « G » avait été observée par ailleurs ou au cours d'une autre époque, elle serait entrée dans le conscient (pseudo)scientifiquement « acquis », et cette théorie aurait été approuvée sans discussion.

En fait, le problème d'acceptation de ce paramètre ne provient que de l'ignorance de certains, surtout motivés par leur étroit « cerveau », si tant est que l'on puisse le nommer ainsi pour ces personnes.

Pourtant, il est su et prouvé que la valeur de « G » est bien différente selon les corps célestes.

Alors, pourquoi ne pas en assimiler intellectuellement une possibilité de variation ?

Si elle est agréée comme, au moins, une éventualité, et même une possibilité, le champ de recherche se dessine.

En considérant comme acquis, le fait que des espèces géantes ont « disparu », et surtout qu'elles n'ont pas réapparu, c'est bien qu'il y a un facteur contraignant depuis. Et il serait alors donné comme principale explication directe, la variation, à la hausse, de « G ».

Avec cette optique, nous pouvons enfin en rechercher les preuves.

L'étude théorique approfondie d'un impact de météorite dans la Mer des Caraïbes

Qu'avons-nous comme « matière » d'étude scientifiquement concrète, au point de la considérer comme une conséquence qui définira un fait causal certain ?

Commençons par l'observation évidente de l'empreinte de l'impact :
- Un sillon uniforme, prolongé, d'une « faible » profondeur,
- Des « bourrelets » latéraux et finaux indiquant bien une poussée longitudinale,
- Une situation géographique proche de l'équateur,
- Une direction parallèle à la longitude terrestre,
- Un même sens que celui de la rotation terrestre.

Toutes ces observations géologiques démontrent un fait indiscutable et certain :

**Une trajectoire d'impact proche
de la tangente de la surface de la Terre.**

Les conséquences de ce type de collision

L'incidence rasante d'un impact occasionne une particularité de transfert physique.

Dans ce cas précis de la collision du météorite sur la Terre, et connaissant leurs constitutions respectives, il est évident que la majorité du transfert énergétique a été concentré et convertie en énergie pure, au détriment de la part d'énergie de type « conflictuel » qui procure un effet disséminé (pulvérisation, dématérialisation) .

Les formes de répartitions matérielles de la trace de l'impact (flèches vertes), par leur uniformité et leur faible relief, attestent bien :

**Une « faible » intensité
d'énergie conflictuelle fournie.**

Et par conséquent :

**Une « importante » intensité
d'énergie pure transmise.**

Comme nous l'avons abordé précédemment, il ressort :

1. Un transfert majeur d'énergie pure.

La répartition énergétique globale s'est portée sur une prépondérance au transfert d'énergie pure.

Au regard de la taille et de la structure de l'objet percuté, la Terre, qui présente à la fois une nature « meuble » mais aussi de « grip » et de dureté, nous ne pouvons que conclure que le transfert en énergie pure a été particulièrement efficace.

De ces deux paramètres favorables associés à ce que nous avons déjà démontré, nous pouvons certifier que :

   1. La vitesse de rotation terrestre a augmenté.
   2. Et que par conséquent, une augmentation de « G » a été obligée.

Par ailleurs, vu le milieu aqueux du site impacté, nous pouvons aussi déclarer que le tsunami engendré a été différent de celui estimé par un impact vertical :

   3. Le Tsunami a été d'autant plus important et spécifique qu'il a été provoqué par un transfert maximum d'énergie pure délivrant une cinétique exceptionnelle par un transfert de masse mouvante (phénomène d'un liquide dans un contenant animé d'un mouvement non uniforme), sous une poussée originelle longitudinale, et non latérale (absence de déperdition d'une partie de l'énergie dans le sol comme lors d'un impact vertical), et dans le sens de la rotation terrestre.
   4. Et que par conséquent, une augmentation de la vitesse de rotation terrestre a été encore plus favorisée.

5. Et que par conséquent, une augmentation de « G » a encore été davantage obligée.

Et des conséquences, peuvent aussi naître des causes.

En effet, en gardant toujours le même raisonnement scientifique énoncé plus haut, nous pouvons aussi dire que, puisque la Terre a tourné plus vite sur son axe :

6. Il y a eu une modification des longueurs de journées, et donc du nombre de jours durant une année (pour une même orbite).

7. Et que par conséquent, un bouleversement climatique est né.

2. Un transfert mineur d'énergie conflictuelle.

L'autre partie de l'énergie disponible a causé l'autre effet « catastrophique », celui d'ordre de « détérioration matérielle » par le phénomène de dissémination.

Le conflit énergétique s'occasionne par la faiblesse d'une structure qui absorbe et « distribue » l'énergie : Pulvérisation, dématérialisation et dispersions de matières solides.

Dans le cas qui nous préoccupe, présentant un mélange de parties meubles et cassantes, associée à un milieu aqueux, ce transfert a été distribué d'une bien plus « faible » valeur que celui de l'énergie pure.

Ainsi, nous pouvons en déduire :

1. Une pulvérisation de matières solides et liquides suivie d'une élévation de poussières et de brouillard dans l'atmosphère, moins importantes que celles estimées pour l'impact vertical.

2. Et que, par conséquent, l'« hiver nucléaire », s'il a été occasionné, a été moins universel et moins pérenne que celui déterminé par l'impact vertical.

3. Et que, par conséquent, la strate géologique de cette période étant spécifique, sa relative faible épaisseur, malgré une vitesse de dépôt accélérée par un « G » plus élevé et par une charge atmosphérique plus importante en comparaison aux périodes antérieures, doit être appréciée différemment que pour un total et permanent « hiver nucléaire ».

Nota Bonc : Par ailleurs, avec un tel angle d'attaque, il est fort possible, lors de la collision, qu'un effet « rebond » ait été inscrit à une partie du météorite , ou qu'une partie de matières solides terrestres aient été projetées hors du champ gravitationnel. Si un tel cas s'est produit, il est probable que la Lune ait reçu ces projections, directement, ou par captation gravitationnelle ultérieure.

La « Multi-Théorie » de l'Effet Domino
("DEMICS" et "EDEIEG")

Voilà ce qu'a pu être le phénomène.

1. La Collision.

Une météorite heurte la Terre avec une incidence rasante, sur une latitude proche de l'équateur, avec une direction parallèle et dans le sens de sa rotation.
La répartition énergétique est extrêmement favorable au transfert d'énergie pure.

1. 1°effet (E1): Effet Matière Terrestre (EMT).
Le choc provoque des mouvements géologiques et océaniques (Cratère, plissements, vaporisation, pulvérisation, nuages de matières, Tsunami, etc.).
Nota Bene : au regard de l'incidence de l'impact, des projections de matières hors de l'atmosphère terrestre est fort probable.

2. 2° effet (E2): Effet Physique Terrestre (EPT).
Le transfert important d'énergie pure de l'impact impulse une accélération à la vitesse de rotation terrestre, et peut-être même, occasionne un changement de son axe.

3. 3° effet (E3): Effet Climatique Terrestre (ECT).

Après une fulgurante mais brève élévation de la température, la dissémination de matières pulvérisées provoque une pollution atmosphérique et l'assombrissement de la luminosité (opacité).

2. Les Conséquences intermédiaires et les actions inter-éléments.

Les conséquences deviennent des causes pour d'autres événements.
Le phénomène de Dominos.

- E1 : l'Effet Matière Terrestre (EMT)

4. La situation géologique déjà en mouvement avant l'impact s'amplifie. Des phénomènes latents, comme des volcans « bridés » ou en sommeil, se libèrent ou s'amplifient : mouvements tectoniques, tremblements de Terre, déchirements des parties faibles, éruptions volcaniques.

5. Le Tsunami provoqué est mu d'une poussée longitudinale due à la trajectoire de l'impact. Son énergie cinétique en est extrêmement élevée, sa force et son intensité étant d'autant plus destructrices.

6. Les volumes aqueux se répartissent différemment, d'une manière accélérée, notamment avec les effets du Tsunami particulièrement violent et convergent.

- E2 : l'Effet Physique Terrestre (EPT)

7. L'énergie pure, transmise lors de l'impact, associée aux caractéristiques physiques favorables du Tsunami accompagnent l'augmentation de la vitesse de rotation terrestre, et un possible changement de son axe.

8. L'accélération de la vitesse de rotation terrestre entraîne une augmentation de la valeur de « G ».

9. L'axe de rotation pourrait avoir été déjà perturbé par l'impact, puis par la répartition du milieu aqueux, forcée par le Tsunami.

10. L'accélération de la vitesse de rotation et l'association des conséquences géologiques et océaniques de l'impact accélèrent le mouvement vers une répartition équilibrée, au niveau planétaire, des masses solides et liquides.

11. Le double effet paradoxal (force centripète et force centrifuge) cause l'élévation des terres émergées et le tassement du plancher océanique (profondeur), constituant par conséquence une augmentation du volume du « contenant », et une apparente baisse du niveau des mers.

- E3 : l'Effet Climatique Terrestre (ECT)

12. L'accélération de la vitesse de rotation terrestre occasionne une réduction de la longueur des journées (plus de journées dans une même longueur de temps d'une année).

13. Avec les perturbations physiques (« G », répartition des Masses, variation du facteur temporel), et géologiques-océaniques (répartition des matières liquides et solides dont les indices calorifiques sont différents), les nuages lourds de « matières » se propagent d'une manière anarchique (non régulière). Un petit « Hiver Nucléaire » s'installe d'une manière localisée, mais se déplaçant géographiquement.

14. L'augmentation de « G » accélère la vitesse de ruissellement, et oblige une baisse de l'altitude des nuages déjà bien chargés.

15. Les bouleversements environnementaux interactifs se succèdent, empêchant une uniformisation et une globalisation d'un phénomène unique. Les nouveaux courants aériens et océaniques deviennent multiples et complexes, interagissants : D'inconnues, jusqu'alors, nouvelles saisons naissent.

16. Apparitions d'amplitudes significatives, géographiquement disparates et de baisses de températures.

17. Une baisse de la photosynthèse commence, par manque de lumière. Les plantes à fleurs meurent mais leurs graines se mettent en dormance.

18. Les espèces végétales géantes subissent doublement le contrecoup de l'augmentation de « G » : assumer leur propre poids, et supporter, à cause de leurs larges surfaces, le dépôt, sur leur organisme, des matières contenues dans l'atmosphère. Les branches et les grandes feuilles cassent. De plus, à cause du dépôt couvrant leur organisme, s'ajoute leur difficulté insoluble au regard de la photosynthèse et de leur respiration. Elles s'étiolent et meurent.

19. Le taux d'oxygène dans l'atmosphère se réduit.

3. Les influences inter espèces-domaines et les conséquences finales.

Les phénomènes et conséquences à effet radical et irréversible.

20. L'augmentation de « G » cause des perturbations aux organismes, notamment à ceux des espèces présentant une taille et une Masse extrêmement développées (Dinosaures, plantes, invertébrés). Les plus vulnérables à ce facteur sont ceux qui étaient déjà au maximum de la norme physique dictée par l'ancienne valeur de « G ». Par cette variation de poids, ils sont propulsés hors des normes que la tolérance physique terrestre peut désormais supporter, au-delà de la taille maximale autorisée nouvellement définie par la nouvelle « G ». Cette difficulté, par rapport à son unique issue qui est la réduction instantanée de leurs dimensions (taille, corpulence, masse), est irrémédiablement insurmontable. Ce facteur intransigeant causera la perte de la plupart d'entre eux.

21. L'apparition de saisons et de variations climatiques déclenche des perturbations, et même pour certains des bouleversements, de leur horloge biologique.

22. L'apparition du Froid perturbe et gêne la circulation des fluides des organismes, tant des animaux à sang froids que certains végétaux.

23. Tous ces facteurs climatiques associés à la hausse de « G » perturbent le développement des œufs des ovipares, pouvant occasionner des changements ou des altérations génétiques, voire des non éclosions par une incapacité d'arriver à terme.

24. Les espèces animales herbivores géantes sont perturbées par le changement contrarié et radical de la baisse de leurs apports énergétiques (nourriture-oxygène) et de l'augmentation de leur poids. Les géants carnivores ont les mêmes problèmes, si ce n'est que la réduction de nourriture est décalée dans le temps. Ces derniers perdent en agilité, ce qui est un facteur principal pour la chasse. Ils en sont à se nourrir davantage de cadavres. Cela peut engendrer une pandémie.

25. L'amoindrissement de la disponibilité de la nourriture et de l'oxygène fait se réduire les masses musculaires. Or, l'augmentation de « G » a fait accroître le besoin en énergie et en masse musculaire pour compenser l'augmentation de poids. La combinaison de ces facteurs à contraintes paradoxales, moins d'apport de carburant pour une demande énergétique supérieure, est un facteur déterminant supplémentaire de la difficulté de survie des grands organismes.

26. Dans ce cas, il n'y a que deux voies possibles :
- Soit l'adaptation par la réduction des consommations ce qui induit une nécessité de réduction immédiate de la taille volumique.
- Soit l'extinction pure et simple.

Selon les espèces, certaines se sont adaptées, d'autres se sont éteintes immédiatement, incapables de surmonter un facteur dont la nature est confrontée à la limite physique extrême : le poids.

Les « super- espèces », tant animales que végétales, étaient de la taille maximale qui pouvait être alors possible.

Avec la variation à la hausse de « G », elles se sont retrouvées « instantanément » hors de gabarit physique toléré, et dans un cadre de non viabilité.

Aucun répit, aucun sursis n'était de mise pour une action impossible à réaliser :
la réduction immédiate de leur taille.

D'autres tout aussi radicaux et brutaux paramètres ont prohibé l'adaptation des « jeunes », dont la croissance non finie leur permettait cependant de respecter, en restant en deçà, les nouvelles normes de « G », par de divers effets sur leurs organismes encore « fragiles » (onde de choc, etc., vulnérabilités biologique, corporelle, logistique et autres.).

Cela dit, ou simplement suite à une absence de reproduction réelle, par une incapacité de l'acte ou de la gestation, la carence de transmission génétique a achevé le processus de leur perte définitive.

Cette succession, cette convergence, ou cette omniprésence de facteurs compromettants à leur vie, a grandement participé à leur extinction.

Les champs de Recherches

Nous constatons bien qu'il n'y a pas une seule explication pour toutes ces extinctions, mais bien plusieurs, associées, complémentaires, cumulatives, ou inductives.

En réalité, cela dépend de chacune des espèces.
Tel ou tel organisme sera plus sensible à telle ou telle modification ou altération de son environnement.
Il y a donc une explication pour chaque catégorie, chaque espèce ou chaque race, qui peut devenir une simple cause par sa conséquence induite sur une autre.
L'effet « Domino ».

Ainsi, nous remarquons que chacune des parties de cette « Multi Hypothèses » peut être vérifiée par les argumentations des preuves scientifiques découvertes.

En fait, de tous ces facteurs, seul celui « touchant » à la force gravitationnelle était le plus contesté.
Pourquoi ?
Seulement parce qu'il est d'un domaine étranger aux autres qui sont plus concrets, plus détectables et plus expérimentables, comme le sont la géologie, la

vulcanologie, la biologie, l'océanologie, la climatologie, etc.

Il est surtout évident que ces champs de recherches sont plus dans la passivité, en la qualité unique d'observation, que dans l'activité, sous l'étude de réactions au cours d'expériences provoquées. Dans ces domaines, se cherchent et se trouvent des traces, des vestiges, des restes.

Par ailleurs, la force gravitationnelle reste toujours un mystère pour la plupart. Et donc, pour ces personnes, tout ce qui la touche est irrationnel puisque « mécaniquement » incompréhensible pour leur petit cerveau (au sens d'honnêteté intellectuelle).

Pourtant, c'est simple.

Sa variation est prouvée par une extinction spécifique.

Mais ceux-là ne veulent pas prendre ce fait comme une attestation de ce facteur primordial.

Et par conséquent, puisque ce paramètre d'une faculté de variabilité est systématiquement ignoré, si une aberration se présente dans un des domaines précités, son explication sera recherchée ailleurs, voire considérée comme une énigme à élucider, mise à l'écart, occultée, ou simplement hissée comme une exception nécessaire à la (leur) règle déjà bien établie.

Mais, plutôt, évoquons quelques champs de recherches.

Quelques autres pistes à explorer...

1. Avec l'énergie qualitative du choc paramétrée par les valeurs de masse, nature, taille et vitesse de l'objet, nous pourrions en déduire l'accélération de la rotation terrestre. Par cela, nous pourrions exprimer la valeur de l'augmentation de « G », et donc en la retranchant à la valeur connue d'aujourd'hui, nous aurions la valeur de « G » à cette époque.

2. L'augmentation de la vitesse de rotation terrestre a engendré un changement des cycles temporels : réduction de la longueur des journées, augmentation du nombre de journées par an, etc.

3. Avoir les connaissances de l'altitude générale des terres émergées, de l'existence, la position géographique et l'altitude des montagnes, seraient utiles pour évaluer la répartition des Masses (solides et liquides) du globe à l'état initial avant l'impact. Ces informations permettraient d'estimer les centres de gravités respectifs de ces natures et calculer l'énergie cinétique, les mouvements et les déplacements de la planète.

4. Les connaissances du pourcentage de salinité et de la composition de l'eau de mer seraient utiles sur bien des plans. Par exemple, nous pourrions relever les marques laissées par le tsunami lors de sa pénétration dans les terres émergées. Nous pourrions évaluer sa force, son intensité, son influence à tous les niveaux physiques, mais aussi son impact environnemental.

5. Comme la gravité a une forte influence sur les liquides, la circulation des fluides a été un réel problème pour les végétaux, démunis de pompe mécanique (cœur). L'irrigation en sève de leurs organes vitaux fut désastreuse, et irrémédiable pour certains. Cette difficulté, voire impossibilité, a été un facteur déterminant de leur devenir. Les plantes de grandes tailles ne favorisent guère les parties inférieures, souvent démunies de feuilles, organes pourtant nécessaires tant au plan nourricier (apport en carbone par la photosynthèse) que respiratoire (oxygène).

Par ailleurs, Il serait à étudier le dépôt de matières atmosphériques sur les feuilles.

6. L'augmentation de « G » a accéléré certains phénomènes, comme le ruissellement des eaux.

7. La Lune présentant toujours la même face vers la Terre, il est évident qu'une partie de cette surface, masquée par le globe terrestre, bénéficie d'une « protection » contre les « objets » spatiaux ayant une trajectoire dans sa direction (Espace- Terre- Lune).

Les traces d'impacts observés en cette partie lunaire offrent deux hypothèses :

soit l'orientation lunaire n'a pas toujours été la même au cours du temps, soit elle a reçu des matières provenant de la Terre.

Si le premier cas est invalidé, alors, les marques de collisions présentes en plein centre de la face orientée vers la Terre, ne peuvent provenir que d'éclats provenant de la Terre.

8. Il est possible que la variation de la vitesse de rotation, ou la modification de son axe, ou simplement une conséquence de l'impact seul, ait créé une perturbation ou une modification de l'orbite terrestre. Par cette éventualité, nous pourrions trouver des explications évidentes à des découvertes antérieures qui présentaient des « aberrations » scientifiques, ou des paradoxes et des « étrangetés » au niveau de l'échelle du temps.

9. Etc.

Conclusions

Chacune des théories antérieures a essayé d'expliquer la disparition des « grosses bêtes », sans une totale précision.

Chacune dans leur « coin » ; comme s'il n'y avait qu'une seule possible interférence dans la phase de la Vie.

L'erreur était de penser que si on valide une théorie, cela discrédite les autres.

Chacune des espèces a du subir une ou plusieurs contraintes, envers lesquelles certains autres organismes en sont restés insensibles.

En fait, c'est bien l'association de plusieurs conjonctures, en cascade, une en créant une autre, qui est la plus évidente, la plus juste, la plus probante.

Tout est simple dans la complexité.

Il suffisait d'associer une théorie à une autre.

Toutes n'étaient pas fausses sauf une, et, chacune n'était pas vraie sauf les autres.

En fait, la plupart était, non pas, en partie vraie, mais une partie de la vérité.

Chacune d'elle, un élément de ce qu'il s'est réellement passé.

La dernière théorie approuvée par le « monde scientifique » basait la faute sur la collision de la comète.

Sans trop d'autres explications que la perturbation climatique apportée par « l'hiver nucléaire » qui en découlait nécessairement.

Le problème majeur était l'évocation de la variation de « G », impensable pour les cerveaux étroits. Leur ignorance en la matière leur suffisait pour bannir cette probabilité du domaine scientifique.

A l'instar d'Einstein face à la Mécanique Quantique, la seule argumentation de ceux qui réfutent la variation de « G » est basée sur leur propre incapacité à comprendre le fonctionnement de la force gravitationnelle.

Et par conséquent, leur seule issue est une dénégation catégorique leur permettant de cacher leur faiblesse intellectuelle. L'orgueil motive la mauvaise « foi »...

Quoi qu'il en soit, il est certain que la collision a bien occasionné une accélération de la vitesse de rotation terrestre, et ce, grâce à ses caractéristiques favorables et parfaites à un transfert maximal d'énergie pure.

Il est certain que dans ce cas, la valeur de « G » a varié, et que ce paramètre a pu devenir un facteur déterminant pour provoquer l'extinction de certaines espèces.

L'absence de réapparition de « super organismes » viendrait de ce facteur fondamental, incontournable, d'ordre physique.

En quelque sorte, directement, ou indirectement, l'impact de la météorite est bien à l'origine de cette extinction.

Toute cette histoire n'exclut pas d'autres phénomènes ayant pu s'ajouter, augmentant le processus d'extinction à la faveur de faiblesses nouvellement déclarées.

En effet, un infime changement environnemental peut déclencher une faille dans un maillon organique ou cellulaire d'une espèce, qui ouvre la voie à une vulnérabilité à un autre facteur, naissant, ou simplement déjà existant mais jusqu'alors en butte à une résistance.

A vous de voir, si l'histoire de ce thriller tient debout.

Ou, à rechercher de nouvelles preuves pour l'étayer maintenant que vous connaissez la direction vers laquelle il faut aller…

About the author

Laurent A. C. GRANIER is a French author, an eclectic writer, of philosophy as much as movie scenario or concept of Reality TV.

He is Master Philosopher as well as Theoretician.

His other books talk about different subjects.

One about the possibility of the existence of God by the mathematical reasoning, another one about a new theory treating the Dinosaurs extinctions by an increase of Gravity, and another one about the theory of Relativity vs. Quantum Mechanics.

In this last field, Laurent GRANIER is the one who has found the Einstein's mistake about his theory of Relativity, and his other one about Quantum Mechanics.

He works on anti-gravity "engines", a nuclear power with almost no waste and a massive dissuasion weapon. For this, he is writing a new physical basis.

Among his confidential discoveries on physics, he has found too, the real paradox of Time Travel.

He developed a new theory about Evolution, going further than Darwin's one, by explaining how it works.

He works on a new med to erase migraine.

As an inventor, he holds more than 25 patents. E.g. the "Bank Gift Card" is his invention, as well the warning system of car's blind spot mirror.

Since he is an expert in intellectual property, he wrote a book : "Patent Rights: Aberrations, Lures and Scams", denouncing the big mistakes and the fake rights and laws of Patent system.

In addition, he is a designer.

His capacity to analyze deeply everything enables him to find a solution to (almost) any problem.

Laurent GRANIER is a sensitive, open minded autodidact.

Open eyes, open ears, he never keeps quiet in front of injustice, fighting it everywhere."

He is the founder of the NGO foundation « ANOTOW – Another Tomorrow ».

The Cocker Publisher   www.thecockerpublisher.com

email: contact@thecockerpublisher.com

www.thedinosaursextinction.com

ISBN-13: 9781980522355

Troisième édition de la version originale en français. Imprimé en 2018.
Third edition of the original version in French. Printed in 2018.